Multi-Family Housing
The Art of Sharing

Multi-Family Housing

The Art of Sharing

联体别墅与
集合住宅设计

——共享的艺术

[美]迈克尔·克罗斯比　著

杨　芸　杨翔麟　译

Michael J. Crosbie

中国建筑工业出版社

著作权合同登记图字：01－2003－3119 号

图书在版编目（CIP）数据

联体别墅与集合住宅设计——共享的艺术/（美）克罗斯比
著；杨芸，杨翔麟译 .—北京：中国建筑工业出版社，2004
ISBN 7－112－06332－9

Ⅰ. 联 ... Ⅱ. ①克 ... ②杨 ... ③杨 ... Ⅲ. ①别墅－
建筑设计 ②集合住宅－建筑设计 Ⅳ. TU241

中国版本图书馆 CIP 数据核字（2004）第 008269 号

本图书由澳大利亚 Images 出版集团授权翻译出版
责任编辑：程素荣
责任设计：郑秋菊
责任校对：赵明霞

联体别墅与集合住宅设计
——共享的艺术

[美]迈克尔·克罗斯比　著
　　杨　芸　杨翔麟　译

*

中国建筑工业出版社 出版、发行(北京西郊百万庄)
新　华　书　店　经　销
北京嘉泰利德公司制版
恒美印务有限公司印刷

*

开本：787×1092 毫米　1/10　印张：21　字数：580 千字
2004 年 8 月第一版　　2004 年 8 月第一次印刷
定价：**197.00** 元
ISBN 7－112－06332－9
TU·5587(12346)

目　录

自 序

几年前，在与罗伯特·文丘里（Robert Venturi）的一次会谈中，我问他曾被委任设计的最复杂的建筑是什么——要知道他曾经从事过实验室、消防站、博物馆等多种类型建筑的设计工作。他马上回答我说："是一所住宅。"我对这个答案感到非常吃惊。当然了，一所住宅不可能像实验室所要求的那么复杂。然而文丘里指出，一所住宅并不仅仅局限于对规划设计的完成，它还是对生活在那里的居民们的真正反映——即对那里居民私人生活的公开表现。

联体别墅与集合住宅的设计则是其中更为复杂的设计。因为在这种建筑类型中，我们既要解决单个家庭的心理与社会需求，还要面对多个家庭生活在一幢建筑物内的协调问题——这些家庭包括了所有的形态与规模。联体别墅与集合住宅不仅必须要满足人们在这种建筑形式内自我表现的需要（这种需求在单体别墅住宅中比较容易满足），还要培养出一种社团的感觉。这种设计需要寻求在公共面貌与个人精神，以及个性化空间与整体一致性之间微妙的平衡。

本书中介绍的项目在所给定的规划环境与基地状况条件下，都不同程度地满足了这些需求。在大尺度的联体别墅与集合住宅项目中，要将个人需求与公共角色协调起来有时候是很难的。例如在纽约的锡耶纳住宅（Siena）项目中，它的尺度就比较倾向于满足公共角色的发展方向。这座 31 层住宅建筑的设计最初的，同时也是最重要的目的就是反映它位于曼哈顿市中心的位置，并满足其城市建筑学方面的职责。它的外观与附近界标式教堂圣让·巴蒂斯特·埃格利斯（St. Jean Baptiste Eglise）以及教区长住所相呼应。而在确定该建筑于城市中重要位置的同时，也必然会牺牲掉一些居民可能存在的个人表现的需求。但是，作为一座城市住宅，它所面临的是众多居民对一个瞩目的居住地址的要求。

另一个城市住宅的实例，位于多伦多（Toronto）的 20 单元尼亚加拉（Niagra）住宅项目面向一座市立公园，试图在既有的城市大环境中表达一种"个体住所"的概念。在这里，各个单元主要通过面向室内与室外的景观来表现建筑的外观。通过大面积的玻璃窗以及阳台或露台，人们从室外就可以了解多层的公寓空间，而从大多数室内空间中都可以向外俯瞰到邻近的公园。

在高密度的城市创建社区不是一件容易的事。安插于已经形成的城市环境中的新项目必然会与周围涌动的生活发生联系。这方面一个优秀的实例就是位于达拉斯（Dallas）的莫金伯德车站住宅项目。该复式公寓的设计所要表达的主题是这里大学中心区生机勃勃的活力。事实上，从这个项目的很多住宅单元都可以俯瞰到莫金伯德（Mockingbird）火车站，而这座火车站正是来往通勤者与居住者们恒定的标志，赋予这一环境自身的能量。居住在比较高楼层的单元中，远离喧嚣，人们既可以看到这里的公共景观，同时也是其中的一部分，使得这座集合住宅充分融合到它周围的城市生活当中。

要识别特定地域的历史，意识到坐落在一个特定区域的建筑与本书中介绍的其他项目是有区别的。也许其中最坚固、最舒适的项目之一就是位于华盛顿的埃伦·威尔逊（Ellen Wilson）住宅。在这里，这所城市住宅并没有流于空洞的模仿，相反，它的尺度、比例与造型都塑造了一个新的纪元，或者说在早些时候它曾经是受到尊崇的。周围环境的材料、细部处理以及建筑传统都经过了仔细的分析，建筑师提倡在对住宅形式进行修正的同时要保证新建筑给人"地道"的感觉。色彩、质感与装饰细部都有助于使新建筑与古老地域环境紧密相连，而建筑的多样性又使人能够感受到这些住宅是在后来兴建的。总之，据建筑师讲，36 种不同的立面设计以及 5 种不同的建筑类型"唤起了偶发的与断续的节奏"，而 22 种砖材、17 种砂浆颜色、8 种窗户颜色、30 种窗户尺寸以及 15 种楼梯栏杆设计的运用又起到了强化的作用。

出于其他目的，还可以通过另外的方式对历史进行呼应。举例来说，位于华盛顿的皮阿拉普（Puyallup），锡尔弗克里斯特（Silvercrest）老年住宅是大批斯堪的纳维亚移民的住所。外墙饰面采用明亮的黄色、红色和绿色，暗示了斯堪的纳维亚农场住宅装饰上的丰富性，同时锡尔弗克里斯特老年住宅大型、富有亲和力的房屋风格也有助于使该项目与附近的单体别墅住宅相匹配。

根据一句古老的波斯谚语，"当一个人的住宅停止建造的时候，他也就死去了。"在我们的生活与住宅持久性本质之间关系的议题上，我们很难找到更加富有雄辩性的表达了。在位于加利福尼亚州奥克兰的海湾大桥项目中，相当成功地体现了这一富于生命力的表述。这是一个受到周遭强硬抵抗的项目（为低收入单身艾滋病患者提供的住宅），坐落在一个不适于居住的基地上（面对一段高速公路的坡道）。建筑师迈克尔·皮亚托克（Michael Pyatok，本书导言的作者）不仅创建了一个富有细腻情感比例的社区项目，还通过引入一面"富有生命力的围墙"而肯定了这里居住者们的生命。这里覆盖着藤蔓植物，另外还安置了他捐赠的亮红色鸟笼，旨在鼓励在该住宅中创立崭新的生活。

本书中介绍的这个项目以及其他项目通过非凡的才智平衡了对于联体别墅与集合住宅的需求，反映了居住者们的希望和梦想，进而培育出共享的社区。

迈克尔·克罗斯比
艾塞克斯（Essex），康涅狄格州（Connecticut）

导　言

21 世纪联体别墅与集合住宅设计

住宅的生产是美国文化中一个完整的部分，反映了它的社会、经济、政治等所有因素的错综复杂，不同地区之间也各不相同。美国丰富的文化景观也许正是其住宅工业从来都没有形成过一个集中生产体系的原因。在美国，住宅生产是高度分散的，大约存在 55000 位建造者 / 开发商，根据美国住宅与城市发展部门（U. S. Department of Housing and urban Developrnent）统计，他们当中有将近 80% 每年建造的住宅都在 20 个单元以下。有些人将这看作是没有效率的事情，每年的生产都低于上涨的需求。而另外一些人将分散视为一种可喜的事情，它使得政府具有潜力来对地区人口统计优先权、历史、气候以及可用劳动力与材料资源独特的综合条件作出回应。

一些人所主张的 "没有效率的" （inefficient）生产导致了住宅的不足是一种政治上的观点。从这个角度看，美国每年都为市民们建造了足够数量的住宅，但是根据美国住宅与城市发展部门统计，有很多人获得的住宅面积达到 1000 平方英尺甚至更大，而同时也有很多人获得的住宅面积过于狭小以至于不能满足需要，而还有一些人根本就没有获得住宅。问题并不在于我们生产的少，而在于我们对于产品不公平的分配。因为住宅生产是在市场经济条件下进行的，而我们的市场经济就是因为不能公平地分配资源而声名狼藉。因此住宅生产是一项具有各种矛盾冲突的社会政治性事业，既包括部分由返还财富而引起的城市内部中产阶级化，也包括郊区由流通财产过度循环膨胀而引起的环境与农业的退化。

近期的情况还伴随着个人交通方面使用车辆运动（sports utility vehicles）所引发的苦恼，这种情况发生在类似于大型居住社区、沃尔玛一类零售商店的出口，甚至在类似于坐落于曼哈顿东河基地上古根海姆美术馆这样的设计当中。我们的消费、迁移、交通与居住模式都与其他国家的贫穷状况紧密交织在一起。假如我们作为一个国家不能像其他国家人民一样每天面对有限的资源，而这些国家的资源与劳动力又都被我们所利用，我们就不会理解为什么我们作为一个国家会如此受到轻视，为什么我们现今的生活方式是如此有限。

建筑师与住宅设计

建筑师以及他们各种不同的设计思想深深嵌入住宅生产与消费的模式当中。对表面肤浅时尚以及毫无用处的新奇的追求，是为了适应市场经济中永无休止地购买而作出的文化上的调整，建筑学专业也无法脱离这种趋势。高水平文化与商业符号的发起者们，面临预算问题的时候不必为严格的财务可行性担心，他们几乎总是受到联体别墅与集合住宅这种建筑形式的鼓舞，经常包容并鼓励对于新奇形式的古怪追求，以此来吸引人们的注意力。这些战利品式的建筑物出于自身利益的考虑而对新奇造型狂热追求，并且还鼓励这种追求，从而使自身与时尚产业紧密结合，使得建筑表现得极端脆弱。

在住宅产业中，为富人提供的住宅往往享有预算上的自由度，因此建造高层次战利品式的建筑，被当今的时尚产业评价为"真正的建筑"。另一方面，对联体别墅与集合住宅的需求推动建筑师们深深地融入上面所概括的社会政治与经济的萎靡状况中。除了那些高密度的奢侈生活方式外，预算几乎从来都不是"丰富"的，因此外来的新奇事物仅仅是一小部分人所玩弄的专利。尖端的战利品式建筑出于商业或文化上的目的，在对时尚新奇的追求过程中有时会引起一场文化的风暴。但是，位于城市边缘全新的社区设计或城市中心区附近既有社区的改造会带来很多环境与阶级上的斗争，否则就是民族与种族的冲突，它会波及整个地区乃至全国。毫无疑问，面对这样众多的潜在阻力，联体别墅与集合住宅常常被设计亚文化群批评为过于保守。

因此，无论建筑师们喜欢与否，联体别墅与集合住宅通常伴随着社区与周边环境的规划，常常推动他们去面对许多我们社会中存在的最紧迫的问题。从一个从业者的角度看，我把这些问题分类归纳为环境的、文化的、社会与经济的，以及最后的技术问题。

环境议题

联体别墅与集合住宅，依靠它们绝对的尺度与影响力，通常大量地消耗土地与原料资源。通过与社区其他附属设施相比较，人们认识到了它的规模之大。然而人们却未必能够认识到高速公路、购物中心或是大方盒子零售商店的影响力，当从前的开放空间开始缩减，或是其他一些为人们所珍爱与崇敬的自然资源似乎受到威胁的时候，这些大型建筑物就会引起人们精神上的动荡。第二次世界大战之后太多的无计划扩展证实了人们对于新发展的恐惧。但即使在今天，当更加进步的发展接近现有公共设施的时候，抵制还是很强烈的，尽管这些新的发展采用更加紧凑的模式、保护与恢复湿润土壤及其他一些自然状况，或者是尝试"绿色生态"，甚至探求引进并支持公共交通。但有的时候这些通常看似自私的抵制被证明是有道理的，它的焦点在于那些现在居住在富有竞争力地点的人们要保护现有的状况。美国人热衷于扩展他们的家园，但是他们常常不愿意或是没有能力将他们社区内不断增长的需求同在他们自家卧室中诞生的子孙后代联系在一起。

在这样的环境下，建筑师、景观建筑师、土地规划设计师以及他们的开发商业主，都要意识到设计对于环境与历史状态都具有相当的敏感性。他们的工作必须要通过开展真诚的公众教育活动，让公众参与设计过程并接受公众的建议，以见识广博而谨慎的政治操纵为引导。在这样公开与真诚的设计过程中，人们会变得更加明智与慷慨，无论是对待环境议题还是面对每一代人对寻找生存空间的需求。不管是在设计与规划阶段，还是在对产品品质的把握中，建筑师们在这样的教育过程中都需要成为关键角色，而且这样的角色在以后若干年的公众教育过程中也要一直延续下来。

文化议题

　　人类注定要在地面上开发不合理的附属物，而且社区常常是建立在我们原本认为不该有人类居住的地点，用可持续发展的眼光来看，这导致了一种自我毁灭的模式出现。然而人类世代以来已经在这些地方建立了家园，留下一些建筑与场所成为他们喜爱的标志，并成就了他们祖先的愿望与梦想。当设计跟家庭生活景象，以及与地区性记忆及建筑形式模糊关联的历史感觉相配合的时候，这些都是开发商与他们的设计小组不能忽略的事实。出于自身利益的考虑，标新立异的新奇作品适用于联体别墅与集合住宅的时候，就会屈从于主流设计出版物的压力。当这些设计被安插进既有社区复杂的文化状态中时，它们常常会引起一种对更加紧凑、高密度以及针对不同收入家庭的开发项目的憎恶，因此保留一个地区自然与文化遗产是十分必要的。

　　只要联体别墅与集合住宅的设计者们认识到他们更重要的任务是说服公众相信，他们应该居住在比较高密度的、使用公共交通、拥有比较少的居所面积并且包含多种用途与收入人群的社区中，以便节省土地、能源与资源，甚至还能为一些阶级与种族之间的分歧搭建桥梁，那么他们就不该再为避开标新立异的时尚，来实现这些对社会发展来说更加长期与基础的贡献而感到罪过了。设计有助于在文化的范围内引起结构上的变化，这样的变化将会为我们每一个人延长我们赖以生存的地球的寿命，相对于那些为设计亚文化群以及时尚产业所钟爱的肤浅外表来说，其作用远远超过了利用设计来改变消费者个人好恶的短期目标。

　　再有，就像环境议题一样，设计小组必须要认识到社区设计是一项热情的文化事业，它一定是集体智慧的结晶，具有丰富的内涵。他们需要发展老练的、现成的团体设计方法，来促使公众在联体别墅与集合住宅及社区的规划设计阶段就参与进来，以避免出现粗糙的、通常是非生产性的以及一系列事后公众听到的传闻和环境影响报告。这些都是官方的反应，在整个过程中它已经太迟了。一旦设计被确定下来，开发商的目的也就确定了下来，信任已经不可能达成了，各个社区感觉到它们只有依靠政府法规的强硬手段来保护自己。从设计的初期，所有的当事人都必须参与相互的教育，其中包括那些对于环境与文化影响抱有长远眼光的人们，抱着地方性、有时是自私眼光的人们以及从房地产开发运作中仅仅看到眼前利益的人们。假如设计师们能将他们的诗意与理想主义聚集在设计方法上，那么在一个项目初期最原始的阶段，就能够引导社区建设成为一项有创造力的、集体的事业。

然而速度与效率对住宅生产来说是至关重要的，从长远来看，不采用集体参与的设计方法只会导致生产的拖延。来自社区内部对于改变愈演愈烈的抵制，再加上固执、自私的开发商，只会令他们相信自己成为了个人利益的牺牲品，这种情况通常与当地的政府支持联系在一起。这就变成了一种反对所有发展的不可改变的惯性力量，自负固执、不了解明智发展的价值，这样的状况可能会发生在一些开发提案中。在最初的设计当中，要将一个地区全体人员都视为开发的合伙人，开发者——以赢利为目的的、非赢利性质的以及公众——长久来看将会改善社会风气，从而获得高密度、更加紧凑、多种用途、综合不同收入等级人群的社区。

社会与经济议题

尽管有平等、自由、正义这些华丽的辞藻，美国基本上还是一个阶级分裂很严重的社会，而民族与种族上的偏见也加剧了这种情况。作为一个国家，因为我们在继续赞美着这些重要的原则，并且至少在我们周围视觉范围内坚持着这些原则，我们还将一如既往地排除阻挡我们的种种障碍，这就是希望所在。联体别墅与集合住宅，是由政府赞助建造住宅的一种委婉的说法，旨在帮助那些收入太低而无法消费受市场经济驱动的住宅产品的家庭，这需要引起设计师们特别的关注。

对于低收入家庭陈旧的观念以及房屋所有者对财富价值的担忧，经常导致出现一些不够真实的表述，比如说担心增加交通负担、对学校的影响以及街区犯罪率的增长。然而那些收入丰厚的制造业工作不断减少，同时还被低收入的服务业所取代，这就引起了家族与社会性的严重问题。通常那些在新经济庇护所工作、拥有丰厚收入的人们会错误地认为，那些比较不幸的民众被这些宏观经济的转变欺骗了。

住宅设计与环境规划要缓和中产阶级对于包括不同收入人群社区的抵制，这样的要求已经提得太多了。但是，如果我们带着对地区自然与文化生态的尊重进行设计，富有诗意地执行，那么为低收入人群设计的联体别墅与集合住宅就势必能够消解即使是最顽固的人们的抵触感。之后他们必然会诉诸于抱怨交通问题以及对学校的影响，以此来掩盖他们对未来居民们根深蒂固的感觉。但是在任何社区总会有这样一些人，假如他们受到疑惑的困扰，同时又能得到开发商与设计小组坦诚可信的表述，那么他们至少是愿意听一听新的想法与信念的。设计的过程可以建筑在设计师们富有风度的行为举止基础之上，不隐藏个人或政府原由的议程，使用透明的、欢迎公众参与的设计方式。

由经济等级而分离，又由民族与种族区别而加剧，这种状况不会很快消失。然而一旦处于经济不利状况的家庭受到投资不足的粗劣规划设计的蒙骗，他们的社区就将会采取回避的状态。但是有些时候，社区设计所提供的帮助会弊大于利。设计专业总是认为低收入社区需要提供与中等收入社区相同类型的住宅建筑以体现公平的感觉。这是社会与经济分裂所产生的无法预料的消极结果。举例来说，针对20世纪初的工业化，中产阶级们开始塑造他们离开工作场所的田园式社区，将围合住宅区作为获得单独居住环境的工具，以净化由低阶层提供的众多贸易活动与服务。若干年之后，中产阶级改革者们希望通过美国住宅与城市发展部门的HOPE Ⅵ纲领提供平等的设计，改善公众住宅品质，使公众住宅的环境和外观看起来更接近他们自己的社区。但是所有的法规与标准，无论是二战后还是现代惯例的环境发展，都使那些需要利用住宅作为赢利目的的工厂、商店或是其他形式企业活动总部的人们的生活更加困难了，而这些都是与家庭居所的整齐模式不相适应的。

那些家庭没有从当今的经济中得到收益，他们与他们作为殖民者、开拓者以及移民的祖先们面对着相类似的生存危急。没有市场可以使用，殖民者与开拓者们不得不设计与建造新的社区，将他们的住宅作为家园，他们所有的行为都不会受到官方的监视与规定。20世纪的移民者们经常面临相类似的状况，由于语言的不同与受到歧视，而被排斥在地方经济之外。他们利用自己的住所建立以家庭为基础的事业，促进地方经济的发展。今天的低阶层人群所面对的难以克服的调整障碍是他们以前从没有经历过的，因为他们在过去并不存在。那些障碍存在于分区与建造法规、保障策略、借贷行为以及资产管理状况中，尽管它们表面上是保护了所有人的财产与安全，但实际上却常常在经济水平比较低的地区抑制家族企业艰苦奋斗的强烈要求。这样的家庭对一部分住宅的使用不被当地分区与建筑法规所允许，他们要么就必须简单地打破法规并希望没有引起当局的注意，要么就要另寻其他的出路。

我们需要用一种新鲜的、富有创造力的眼光来看待住宅与多种使用的定义，当然还要关注健康与安全问题。但是在当今严格的消防法规控制下，很多对空间的利用方式都被分区规定排斥在了居住环境之外，而这些利用模式都是可以被恢复的。设有小路的社区中，私人住宅的后部杂乱无章，而前方公共区域则修饰得相当整齐。假如将专门的防火分区引入设有小巷的建筑前后部分之间，那么住宅的后半部分也许就可以用来从事一些半工业化的用途，例如汽车维修、设备维修、金属板安装、橱柜打造、T形衬丝网印刷（tee–shirt silkscreening）、计算机组装、服装加工，甚至作为家庭烹饪的小餐厅。

科学技术议题

每一代建筑师都梦想有一种技术能够降低住宅造价，就像是一项医学上的突破治愈了困扰人们几个世纪的病痛一样。但是这种技术上的考虑常常忽略了住宅造价中相当反复无常的"软性"投资。一些软性投资——例如土地价格、建造贷款的利息或是固定的金融业务，还有开发商们的利润盈余——所有这些都与市场状况保持敏感的联系，可能意想不到地突然升高，从而抵消甚至亏损了由专业技术突破节省下来的造价。建筑硬件的投入（劳动力和材料）占住宅生产造价的 60% ~70%，根据开发商的利润盈余以及市场状况，整个的生产造价可以表现为仅占最终出售价格的 50%。假设一种新的专业建造方法——综合施工方法与材料改革——可以降低生产造价高达十个百分点。但是表现在出售价格上可能只是降低了五个百分点，而抵押贷款利息率半个百分点的变化就可以消耗掉这样的节省。

那么这是不是就意味着建筑师们寻求生产中的技术革新来缩短建造时间、降低材料造价的做法只是浪费时间呢？这也未必，因为非牟利性的公司会将由技术突破获得的节余传递下去，进而使他们的产品，即公众消费得起的住宅从中受益。但是由非牟利性公司开发建造，针对首次购房用户的单体别墅住宅与联体别墅住宅相比较，前者可能会比较容易从创新的体系当中受益。

总　结

那么，建筑师们的才能应该主要集中在哪里呢？就像前面所讲的，在设计过程中引导公众参与不仅有助于改变公众的观点，还有助于改变开发商业主的看法，这对于一些重要设计改革所需要的文化上的转变是相当重要的。这些改革包括设计面积比较小的单元、比较高的居住密度、更加紧凑的社区以及现实可行的停车与道路标准、多种用途与综合不同收入水平人群的社区，以便接受大众交通运输，以及使用绿色环保材料及体系的高效使用能源的策略。这些改革有的可以降低建造成本，但是有的却可能会提高建造成本。假如所有这些革新都付诸实践的话，最重要的是它们将会降低长期的造价，这不仅对我们的社会有利，同时对其他也必须与我们共享这个地球的人类来说也是有利的。

正是建筑师的特殊技能为这些革新带来了富有诗意的感觉，即便是坚持当今以个人利益为中心价值观、最固执的怀疑者们，也至少会转过头来承认说，"是的，毕竟这有一半是不错的。"我们可能不会得到占绝对数量的赞扬，但至少这是一个开端，在当今世界不容易改变的意识形态中获得文化、社会、经济以及技术上综合的突破。

迈克尔·皮亚托克，美国建筑师学会资深会员（FAIA）
皮亚托克建筑师事务所

Featured Projects

Bay Bridge
Oakland, California | Housing
Pyatok Architects

海湾大桥住宅

奥克兰，加利福尼亚州
皮亚托克 建筑师事务所

为了避免将这个针对低收入单身艾滋病患者开发的出租公寓项目安置在住宅区当中，开发商挑选了一块面对高速公路出口坡道的基地，这条架高的高速公路包含八个车道，通向南方。基地的西侧是一家烧烤餐厅和一条零售商业街，而南面和东面都是单体别墅设计（Single-family）项目。

海湾大桥住宅的设计目的是要使该项目看起来就像属于其所在基地的一部分；这就意味着要使居民们免受高速公路、出口坡道以及零售商业街的干扰；意味着要为居民们提供休息的场所，使他们受到鼓舞和激励；也意味着要提供机会为这些单身居民创造出自己的领域，而同时又通过公共空间以及循环道路这些元素的精心设计，来消除他们感觉自己被孤立与隔离而产生的抵触情绪。

除了考虑到与附近单体别墅（Single-family homes）的关系外，该建筑还反映了零售商店的特色，同时又与餐厅的高度相匹配。在两道车库门的后面布置着四个必需的停车库，但是车库没有设置屋顶，作为两个安静的步行广场来使用，充分利用了这里的居民没有私家汽车的实际情况。建筑物将住宅单元与庭院庇护在其中，免受周围人们的注意。

面对主要庭院的六套住宅单元，每一套都拥有自己的前天井和格子结构，可供居民种植植物或作为装饰，鼓励个性的表现以及非正式的聚会。通过带有格子结构的通道，主要庭院划分为三个比较小而相对私密的庭院。格子结构上种植着藤蔓植物以及成熟的树木，这些彼此相连的庭院构成了一个静谧而丰富的花园，避开了周围街道交通以及商业活动的喧嚣。居民和来访者们进出社区，都必须要经过一个建筑前方附近的共享起居室，这样的设计促进了人们的相互交流。

一面格子结构的墙体以及遮阳设施，上面种植着九重葛，构成了"生命之墙"，它和花园庭院都象征着一种生命的宣言，鼓励人们产生乐观主义精神、促进康复、重获新生。前面三个红色的鸟舍是由建筑师设计与捐赠的，用来吸引小鸟在生命之墙上繁衍生息。

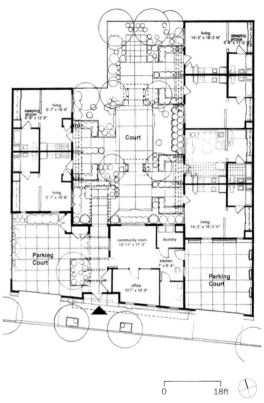

living
14'-2" x 18'-3 ½"
sleeping
above
6'-8" x 11'-2"

sleeping
alcove
6'-8" x 12'-8"

living
9'-7" x 19'-6"

Court

living
9'-7" x 19'-6"

living
14'-2" x 18'-3 ½"

Parking
Court

community room
13'-11" x 17'-2"

laundry

kitchen
7' x 6'-4"

office
10'7" x 18'-8"

Parking
Court

0   18ft

对面左图：街景立面上组合的生命之墙
对面右图：生命之墙面向人行道布置
　右图：生命之墙上由建筑师设计及捐赠的鸟舍
　上图：基地规划平面图

opposite left　Street elevation incorporates living wall
opposite right　Living wall as it faces the sidewalk
right　Architect designed and donated living
wall birdhouses
above　Site plan

17

左上图：鼓励居民们来到花园
右上图：人行道上格子结构细部处理
对面顶图：内部庭院营造出远离周围喧嚣环境的安静环境
对面底图：由庭院设施构成花园空间
摄影：皮亚托克（Pyatok）建筑师事务所

above left　　　　Residents are encouraged to raise gardens
above right　　　 Detail of latticework over walkways
opposite top　　　Interior courtyard offers respite from neighborhood
opposite bottom　Courtyard structures frame garden areas
photography　　　Pyatok Architects

Miro Place

Dallas, Texas, USA
Ron Wommack Architect

米罗住宅区

达拉斯，得克萨斯州，美国
建筑师罗恩·沃马克

达拉斯地区，特别是市中心区人口分布的改变，是这个米罗住宅项目主要驱动力的一部分。在 20 世纪 50 至 60 年代，市中心北部大部分地区（即现在的住宅区）的居住形式都是花园公寓综合体，而这种形式在如今已不再具有经济可行性，因此对想要搬进这一地区居住的购房者们来说也就失去了吸引力。

米罗住宅区是在一片 4.5 英亩（约 1.82 公顷）的空地上开始建造的，这里从前是一个废弃多年的公寓项目的基地。这片土地的所有者已经在这里进行了多次公寓改造，并看到了对能将购买者区分开来的住宅产品的需求，其中包括已经在这一地区交纳了高昂税金的首付形式购房者，富足的

X 与 Y 世代住宅需求者以及寻求较小住宅面积的非经常居住者。

根据先行的分区法规，这块基地现在允许进行三个楼层的开发项目，建筑退红线比较少，并为景观、停车以及公共区域争取到较为有利的变化。这个项目一个主要的目标就是创造更富有亲和力的步行环境，为达到这个目的，所有住宅单元的前门都面向街道开敞，而多数车库则远离街道从而降低汽车的重要性——这在达拉斯地区是一个相当新的理念，这里现在的多数车库还是直接面对街道开门的。室外材料选用灰砖、白色灰泥粉刷，店面则使用了铝质窗框。

这 42 套 townhouse 单元面积从 2200～3700 平方英尺（204.4～343.7

平方米），设计为三个楼层。入口 / 街道层包括一间两个车位的车库以及客人套房。二层布置有起居室、餐厅、厨房以及主人卧室 / 套房。为了适应当今随意性的生活模式，在起居室与餐厅没有设置室内隔墙，主要起居空间有两层高的体量，并有相同高度的大面积玻璃窗朝向街道，然而这个空间只是一个楼层。这就创造出了生活在一种更富有开放性空间的感觉，同时也更具安全感。三楼布置的是一间卧室 / 书房套间，另外一种户型单元布置的是一个小型屋顶阳台。

右图：悬挑在车库入口上方的空间
对面上图：建筑外部显示出壁炉
对面下图：多个单元组合形成街景

right　　　　　Space hovers over garage entry
opposite top　　Fireplace expressed on exterior
opposite bottom　Collection of units has a street presence

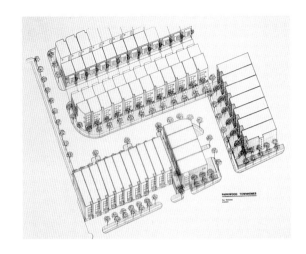

对面上图：单元入口楼梯的造型
对面左下图：强有力的几何特色建筑外观
对面右下图：单元面朝南向
右图：住宅平面方案示意图
下图：楼梯通向二层起居空间

opposite top   Units' entries are expressed in stairs
opposite bottom left   Vigorous geometries distinguish exterior
opposite bottom right   Units as they face south
right   Plan of housing
below   Stairs to second level of living spaces

顶图：细部雕琢考究的室内空间
左上图：建筑室内空间宽敞而明亮
右上图：从二层看到起居空间的景观
对面左图：头上贯穿的钢梁
对面右图：不同平面布局
摄影：詹姆斯·F·威尔逊

top	Finely detailed interior
above left	Interiors are spacious and light
above right	View of living areas from second floor
opposite left	Steel beam crosses overhead
opposite right	Various plan layouts
photography	James F. Wilson

District Lofts

Toronto, Ontario
architects Alliance

街区复式住宅

多伦多，安大略省
建筑师联合事务所

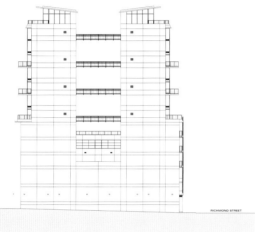

街区复式（District Lofts）住宅项目所处的基地是一块从前的停车场。这个设计方案涉及到对一项比较不常见的建筑类型学的开发，其中包括底层的零售空间、上面的两层公共停车场，以及停车场之上 11 个楼层的住宅空间。除此之外，该建筑从第六层到第十四层分裂为两座塔楼，中间设有一个景观庭院。

该建筑中住宅楼层的提升有助于增加自然光线的入射，并提供了北方面向城市、南方面向安大略湖的重要景观。将建筑分离成两个塔楼有助于每隔两个楼层设置一个贯穿所有单元的"公共交通走廊"。这样做不仅增加了每个楼层的销售面积，还提高了建筑整体的舒适性水平，提供了非常良好的新鲜空气以及自然光线的流通。

通过有效的技术革新，该建筑的舒适性水平得到了进一步提高。通过一套专门设计建造的悬臂式电梯系统的运用，建筑师得以将所有的电梯设备移至地下室，而常规情况下这些设备是应该被放置在建筑顶层的。除此之外，建筑内部所有的机械设备都被安置在地下室，这样建筑师就可以将屋顶平台建造成阁楼住宅单元了。

建筑材料反映了周围工业化建筑的环境氛围，同时也表达出自身舒适而丰富的特性。二至五层建筑外墙铺设浮置的砖质面板，与周围传统的砖石结构建筑相呼应。两栋六至十四层优美的塔楼采用喷砂预制混凝土、玻璃与钢材，表现了该建筑的特性，尽管体量较高，但还是能与周边环境融为一体。

左上图：西立面图
左图：从东侧观看，建筑的南立面朝向阳光
对面上图：南立面的细部处理，拥有不同的开窗形式
对面左下图：西面邻近低矮的建筑景观
对面右下图：建筑面对里士满（Richmond）大街

top left　West elevation
left　Viewed from the east, south elevation opens to sun
opposite top　Detail of south elevation with variety of fenestration
opposite bottom left　West elevation is closed to view of low-rise
opposite bottom right　Building as it faces Richmond Street

下图：从地板一直贯穿到顶棚的玻璃窗使住宅单元开敞而明亮
对面左上图：第八层平面图
对面左中图：第四层平面图
对面左下图：首层平面图
对面右图：从里士满大街上观看到的建筑景观
摄影：本·拉恩（Ben Rahn）/设计存档

below　Units are open and light with floor-to-ceiling windows
opposite top left　Eighth floor plan
opposite middle left　Fourth floor plan
opposite bottom left　First floor plan
opposite right　View of building from Richmond Street
photography　Ben Rahn/Design Archive

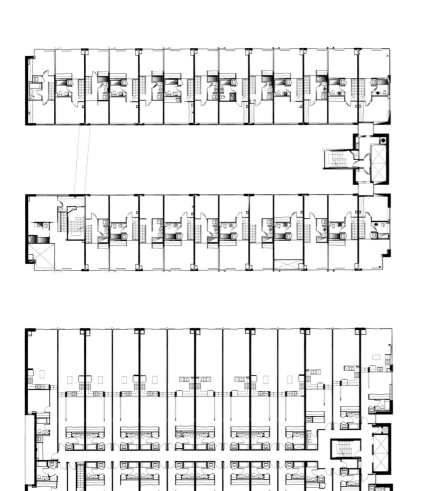

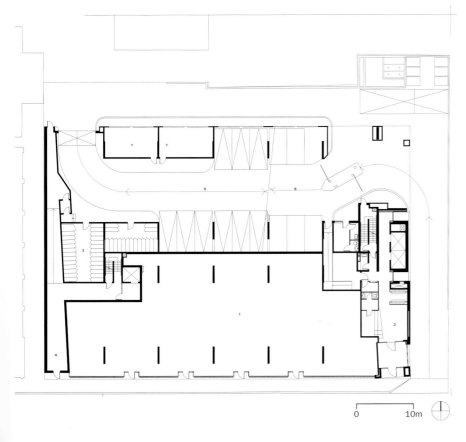

0   10m

Atherton

Hayward, California
Seidel/Holzman Architecture

Place

阿瑟顿住宅区

海沃德，加利福尼亚州

塞德尔/霍尔兹曼建筑事务所

加利福尼亚州的海沃德市正在重新开发其市中心区，并且对在众多形式的车站周围地块上兴建高密度住宅拥有特殊的兴趣。BART 车站为贯穿海湾地区提供了便捷的交通，其中包括市中心旧金山，大约有 40 分钟的路程。

根据城市所采纳的名为"再定中心"的规划方案，阿瑟顿住宅区成为该地区第一个住宅开发项目。将近 3 英亩（约 1.22 公顷）的基地要求至少布置 83 套住宅单元，以充分利用这里与 BART 车站直接相邻的便利条件。为了达到这种 30 单元/英亩（约 0.405 公顷）的城市住宅密度，建筑师们设计了只有 16 英尺（约 4.9 米）面宽的住宅单元。

每一栋 townhouse 都拥有自己带有门廊的入口，前门对外面对街道，对里面向内部庭院。住宅的另外一面朝向社区内部小巷，布置有车库门以及进入 townhouse 的后门。由于邻近公交线路，每个单元的车库只提供一个车位，车库门仅 8 英尺（2.44 米）宽，这样在很大程度上提高了内部小巷的环境品质。很多单元还结合有另外一个带有顶盖的串联布置的停车位，这样的做法尽管从使用的角度看并不一定必需，但从市场的角度看却是适宜的。

这些布局紧凑的 townhouse 面积从 1250 平方英尺（116 平方米）到 1500 平方英尺（139 平方米）不等，其设计尽量做到开敞与明亮。每栋 townhouse 都有一个用墙体围合起来的中央庭院，其中包含一个水池以及其他公共娱乐场所。众多成对组合的住宅营造出富有居住尺度感的街景立面。在这些成对表现的住宅中，各种细部与色彩的运用强调了彼此的个性。开窗形式、装饰用的金属、凸窗、格子结构以及遮阳板是其中的细部处理形式，它们在整体统一的建筑特性中彼此又各有不同。

现在周围的很多街区也都正在开发高密度住宅，提高了现代城市环境当中步行的特色以及令人愉悦的街道尺度。这片住宅区到市中心娱乐场所以及公交线路都拥有近便的距离，它为居住者们提供了一种区别于这一地区传统郊区单体别墅住宅（Single – family home）的新形式。

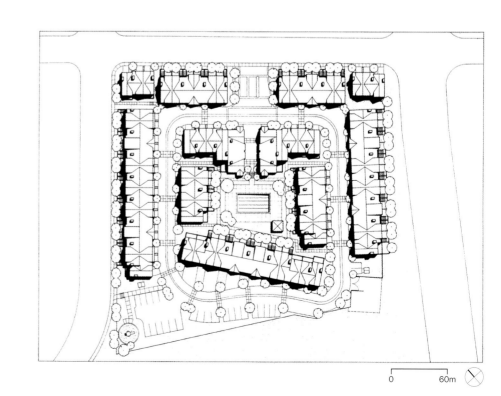

0   60m

opposite top Strong colors distinguish façades
opposite bottom Site plan
top Street elevation
above Pulling back from sidewalk offers buffer space
right Protective walls provide private outdoors space

对面上图：浓烈的色彩使立面富有特色
对面下图：基地规划平面图
顶图：街景立面
上图：从人行道向后退缩留出缓冲空间
右图：防护墙围合出私人室外空间

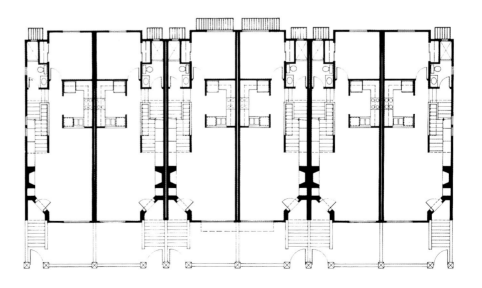

opposite top left   Views are encouraged between living spaces
opposite top right   Light fills interiors from ample fenestration
opposite bottom   Typical row units
below left   Interiors offer uninterrupted living areas
below right   Staircase is naturally illuminated from above
bottom   Typical end units
photography   Gerald Ratto

对面左上图：起居空间的布局形成视觉上的穿透
对面右上图：阳光从大面积玻璃窗照射入室内
对面下图：标准的中段单元
左下图：建筑室内提供无间断的起居空间
右下图：楼梯间从顶部获得自然采光
底图：典型的终端单元
摄影：杰拉尔德·拉托（Gerald Ratto）

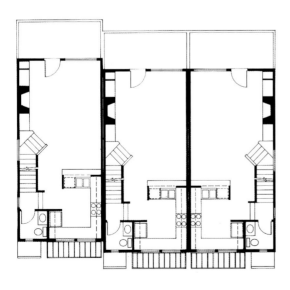

Block X

X 街区

芝加哥，伊利诺伊州

帕帕乔治/海姆斯建筑师事务所

轻工业建筑与复式建筑是这个区域流行的建筑形式，在这个坐落于人行道一侧的住宅综合体设计中使用了红砖、石工技术与玻璃，唤起了人们对于周边建筑风格的回味。X 街区（得名于从前的一个基地规划的配置形态）满足了城市这一地区对于大量多家庭住宅的需求。

进入这个设有门控的社区，环境发生了变化。在这片 1.77 英亩（0.72 公顷）的基地周边布置着五栋建筑，内部中央留下一个 1/3 英亩（0.13 公顷）的公园作为城市的绿洲。公园的景观繁茂，布置有单元阶地、平台以及远眺绿树的门廊。地上的陶土砖、金属板、喷漆钢材与蓝色的扶手都进行了色彩上的处理。立面通过开窗的变化、平台与露台的设计

而显得活泼，延伸的景观在视觉上是生动的。简单的材料，例如砖和煤渣砌块，使整个项目展现出朴实而坦率的外观。

在这个设计中的一个驱动力量是看不到的。在建筑物与花园的地下有一个包含 112 个车位的停车场，这样就可以争取到更大面积的地上空间以达到舒适的效果。住宅群包括含有 100 个单元的两栋位于主入口的电梯公寓、位于两侧的两栋无电梯公寓以及 12 栋城市住宅，基地尽端有四栋复式建筑。住宅单元的面积从 750 平方英尺（70 平方米）到 2340 平方英尺（217.4 平方米）。一个蓝色的雨棚从车库通风轴心塔悬挑出来，突出了 X 街区的主要入口。

左上图：各种不同的材料使室外效果富有特色
对面上图：街道一侧的货栈
对面下图：框架界定了二层阳台

above left   Variety of materials distinguish exteriors
opposite top   Street side expresses warehouse context
opposite bottom   Frames define balconies on second floor

opposite top left   Urban scale is captured in tower forms
opposite top middle   Detail of circulation tower façade
opposite top right   Pathways lend courtyard pedestrian scale
opposite bottom   Pathways are found throughout public spaces
above   Low scale of buildings softens courtyard

对面左上图：楼塔的造型体现了城市的尺度
对面中上图：循环塔立面细部处理
对面右上图：小路为庭院营造出步行的尺度
对面下图：在整个公共空间中都可以看到小路
上图：低矮尺度的建筑使庭院显得柔和

below left   Slight curve in façades follow contour of courtyard
below right   Green courtyard is the project's major amenity
opposite top   Exhaust ducts support canopy structure
opposite bottom   Entry is distinguished with a canopy
photography   Pappageorge/Haymes

左下图：随着庭院的轮廓，建筑立面呈现细微的曲线
右下图：绿色庭院是这个项目主要的娱乐场所
上图：排气管道支撑着雨棚结构
下图：雨棚的设置突出了入口
摄影：帕帕乔治 / 海姆斯

Santa Monica
Art Colony

Santa Monica, California
David Forbes Hibbert, AIA

圣莫尼卡艺术社区

圣莫尼卡，加利福尼亚州
戴维·福布斯·希伯特，美国建筑师学会会员

这个项目旨在为圣莫尼卡这个富有创造力设计的艺术社区内的个人与小型公司提供联合住宅以及办公空间。几个每年度开放的工作室项目都设置在这里。这个社区的居住者以传统艺术家为主，还包括多媒体艺术家与工作室的设计师们。

住宅围绕一个庭院布置，相互之间通过一系列的走道相连以促进居民之间的交流与合作。位于中央的大型庭院是一个聚集点，而各个通道围绕着个别居民的工作提供了小型的聚集空间，这样的复式建筑布局有助于其内部工作室活动的开放性。

除了相对于共享空间的单元布局，单个的单元还通过主要或沿街面的入口以及后门服务性入口展现出公共与私密两种外观。另外，每一个单元还都开放面对一块私人场地或是小型的景观区。对两个楼层的复式建筑住宅来说，在这样的私人空间进行外观艺术创作是足够宽敞的；而且这里还为焊接以及其他工业化艺术加工提供了电力资源。在建筑内部，宽敞、极少装修的仓库式壳体（ware house – like shell）空间可供住户随意装饰，非常适合特殊住户从事艺术/设计类工作的需要。

这个生活/工作项目为圣莫尼卡市的公开审批手续提供了一个富有探索性的个案。"生活/工作"这一概念，尽管受到圣莫尼卡市规划委员会的极力称赞，但是在当地以及加利福尼亚州建筑设计法规的要求中却没有过规定。项目小组成员与建筑部门官员通力合作，找到不适用与有冲突的法规要求，并依此解释与调整法规的适用性，从而保持这一生活/工作复式建筑项目功能与美学上的完整性。尤其值得注意的是，该设计在满足防火与安全严格要求的同时，还通过暴露的结构保持了宽敞开放的复式建筑空间，拥有良好的光照品质与宽敞质朴的工作区，受到艺术家们的喜爱。该社区的服务性设施包括公共地下停车场、一部货物升降机以及一个尺寸满足大型产品运送的荷载站台。

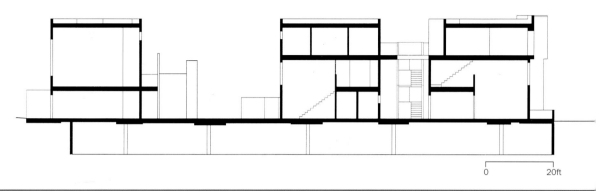

opposite   Units are domestic in scale
top   Section
above   Building offers glimpses into site
left   Geometry of complex is expressive

对面图：住宅单元在尺度上是适合家庭
　　　　生活的
顶图：剖面图
上图：基地中建筑所展现出的外观
左图：建筑综合体表现出几何学造型

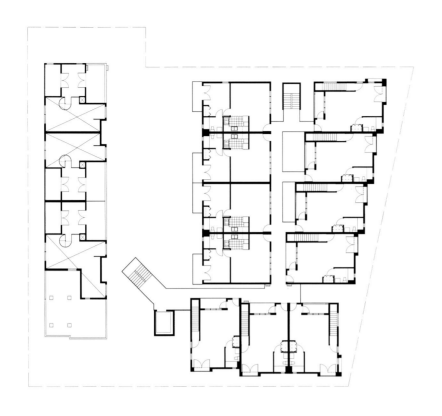

0   25ft

顶图：三层平面图

上图：首层平面图

对面图：静谧的庭院为住宅单元提供了私密性

摄影：本尼·尚（Benny Chan）

top   Third floor plan

above   First floor plan

opposite   Quiet courtyard affords units privacy

photography   Benny Chan

above left   Interiors are simple but elegantly detailed
photography   Katherine Jones
above right   Exposed structure as seen from below
below left   Light fills space from above
below right   View of living area from second floor
photography   Charles Swanson
opposite   Roof structure lends character to space
photography   Benny Chan

左上图：建筑室内简单却有高雅的细部处理
　　摄影：凯瑟琳·琼斯（Katherine Jones）
右上图：从下面观看暴露的结构
左下图：光线从顶部照射到空间当中
右下图：从二层看到起居空间的景象
　　摄影：查尔斯·斯旺森（Charles Swanson）
对面图：屋顶结构的特性与空间相适宜
　　摄影：本尼·尚

Ellen Wilson

Washington, D.C.
Weinstein Associates Architects

Place

埃伦·威尔逊住宅社区

华盛顿特区
温斯坦建筑师联合事务所

无论是在经济上还是种族上，这个项目都是一个典型的、新式包含不同收入水平人群的社区。严格确定的多个社区群体和商业领导人同建筑师以及开发商通力合作，从概念阶段到竣工，对一个荒废的包含 134 套住宅单元的公共社区进行再开发，使其成为周围其他包含不同特性、收入与人种居民的社区的完美扩展与延伸。该项目的开发资金全部由 HUD HOPE VI 资助，不需要动用当前的公众津贴。

这块 5.3 英亩（约 2.15 公顷）的基地三面围绕着维多利亚时代国会山庄历史街区，另外一面是抬高的高速公路。经过设计，该社区与周围社区并没有形成明显的界限，新的住宅与街道都是以国会山庄历史街区开发模式为原形建造的：在街道的两侧，很少有几个单元采用相同的建筑形式。这里更为流行的做法是，在一列建筑物中只有三、四个单元采用相同的造型。

埃伦·威尔逊住宅社区紧密种植行道树，共享并列的停车场以及相对狭窄建筑用地。这种新颖的小巷式建筑类型以私人侧院取代传统后院，而侧面的前门则营造出与狭窄的公共走道相分离的私密性感觉。新建筑物为新老街道都提供了建筑形象上的界定。36 种不同的立面设计与 5 种不同的建筑形式唤起人们对于时而断续出现的国会山庄建筑韵律的回忆。其他的多样性是通过使用 22 种砖材、17 种灰泥颜色、30 种开窗尺度与 8 种窗户颜色，以及 15 种不同的装饰楼梯栏杆设计表现出来的。

通过计算机控制切割技术（激光、等离子喷气等），在项目预算范围内完成了类似于木质檐板支架、金属楼梯踢板这样的建筑装饰元素。特殊形状砖材的使用提供了一种经济的方法，将图案引进到立面以及富有特色的开窗形式当中。通过对比例的仔细研究，每个单元的立面都渗透了国会山庄的精神。

对面图：砖砌走道适合于多种不同的结构与尺度
右图：沿街布置多种不同尺度的建筑
下图：典型的立面中运用了粗凿石面

opposite　Brick sidewalks lend to variety of textures and scale
right　Variety allows for multiple scales along the street
below　Rusticated stone is used on typical façade

opposite   Color lends strong personality to townhouse units
above   Color, details, and texture animate façades
below   Street elevation

对面图：色彩为城市住宅提供了鲜明的个性
上图：颜色、细部以及质感使立面显得生机勃勃
下图：沿街立面

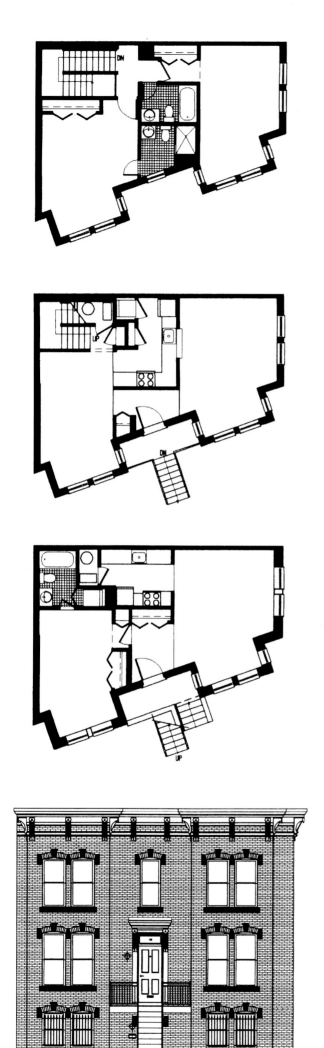

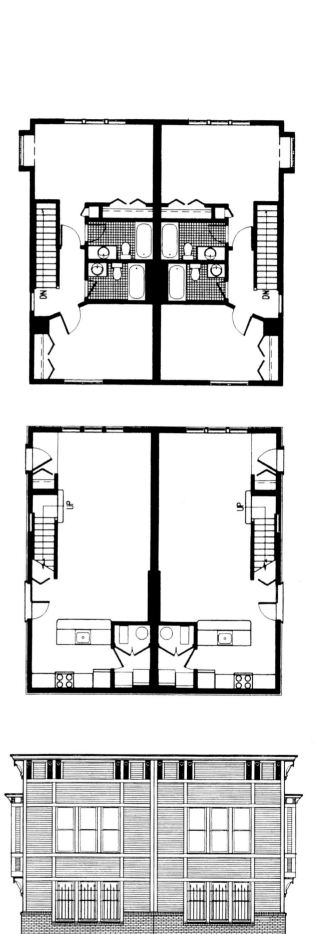

opposite left   Building type 5, floor plans and elevation
opposite right   Building type 4, floor plans and elevation
below   Row houses are a common building type in neighborhood
photography   Hoachlander Davis Photography

对面左图：建筑形式五，楼层平面以及正视图
对面右图：建筑形式四，楼层平面以及正视图
下图：行列式住宅在当地是一种常见的建筑形式
摄影：霍克兰德·戴维斯（Hoachlander Davis）

Silvercrest

Puyallup, Washington
Pyatok Architects

Senior Housing

锡尔弗克里斯特老年住宅区

皮阿拉普，华盛顿州
皮亚托克建筑师事务所

坐落在一条繁忙的街道上，这里很多单元都由零售商店改建而成，锡尔弗克里斯特被认为是一个适合于居住的"小客栈"（lodge）。然而作为一个包含41个单身老人或老年夫妇家庭的比较大型的建筑，它需要与街区内排列的其他单体别墅相适应。作为由联邦政府资助，为低收入老年人设置的住宅，它还需要通过令人舒适与熟悉的语汇来平息当地居民的惧怕心理。该住宅区选用多彩的、令人愉快的形象，同时考虑到老年居住者与周围邻居们的需要。这一地区具有很多老年斯堪的纳维亚移民，而这种色彩恰恰会使人们回忆起斯堪的纳维亚农场的建筑来。

这个三个楼层的建筑呈L形布局，以形成面向东面和南面的后院，与街道隔离，从而保留出基地南边受小河影响形成的湿地。建筑物的北侧一翼与街道垂直布置，这样当人们从街道观看时，建筑物会显得不像实际上那样庞大。靠近小河，朝向街道的建筑物主体部分降低到两个楼层，以柔化其对周围环境的影响。

洗衣房和一间相邻的休息室就布置在前入口的上层，另外在前门廊的上层还有一个开放阳台。洗衣房休息室，一个重要的聚会场所，其设计还满足了老年人们另外一些需要：观看街景以及在他们共享的大家庭内来来往往。主要的多功能房间通往后天井。在首层的聚会中心布置了一个惬意的壁炉，用来促进邻里之间偶然性的社会交往。该住宅既开放又隐蔽的特性使老年人在他们的家庭中看到生命的衰退与流动，而同时又能感受到他们居住在一个亲密而安全的场所。

每个单元都设有一个凸窗，用来提供阳光以及几个不同方向的视野，并且扩展了空间的感觉。每间厨房都设有一个面对走廊的内部转角窗，这使居民们可以照看到自己的入口门廊与走廊，同时还起到了促进社会交往的作用。

opposite left   Window bays allow views throughout the complex
opposite right   Courtyard offers a protected place
left   Front of building appears like a large home
below   Site plan

对面左图：凸窗使视线穿透整个建筑
对面右图：庭院提供了一个庇护性的空间
　　左图：建筑物的前部看起来好像一个大型住宅
　　下图：总平面图

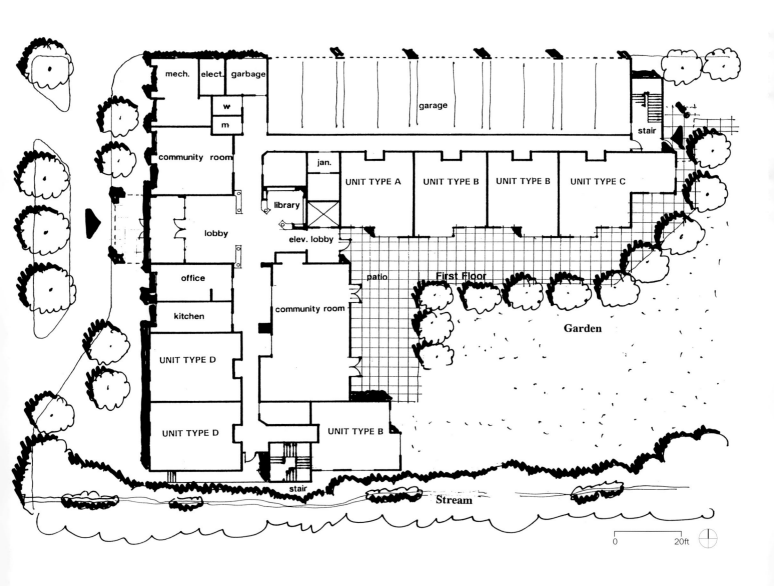

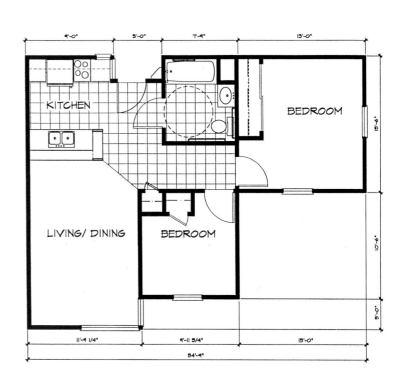

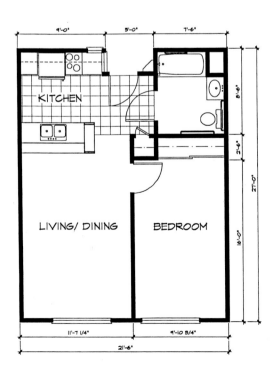

KITCHEN

LIVING/ DINING   BEDROOM

KITCHEN

BEDROOM   LIVING/ DINING

0   6ft

Pierce Elevated

Houston, Texas
RTKL

皮尔斯高架住宅

休斯敦,得克萨斯州
RTKL 建筑师事务所

休斯敦市这栋富有灵感的复式建筑充分利用了它位于城市当中的位置。面对架高的高速公路,皮尔斯住宅并没有向后退缩两个街区,相反,就在它的上面高架而起。通过将129套复式住宅单元布置在地上三层的停车场的顶上,该建筑物中大多数两个楼层高的单元都可以透过19英尺高的玻璃窗,畅通无阻地看到距离这里只有四个街区的市中心的景象。除此之外,这样做还将生活空间抬高到了高速公路噪声与尘埃污染区域之上,为居民们提供了一个便于眺望城市的平台。

认识到可见性是双向的,皮尔斯高架住宅拥有一个富有特色的屋顶,另外在屋顶平台上还布置着具有雕塑感的雨棚。这一引人注目的元素作为一个广告板,吸引着每天驾车经过这里的数以千计人们的注意。建筑材料包括砖、混凝土、玻璃和钢材,使其展现出富有时尚感的外观。细部精美雕琢的玻璃凸窗从混凝土结构框架中浮现出来。

为了保持周围环境的尺度感并实现该项目在经济学上的可行性,除了这个15层的塔楼之外,又建造了一个4个楼层包含56个单元的木框架建筑

作为补充,同时还为顾客、访客以及来宾停车限定出一个小型的停车场。高层住宅与低层住宅之间的对比,这给了皮尔斯高架住宅另外一种不同的生活尺度。

居住者们还可以使用停车场结构之上的屋顶平台,这里布置着一个特色的线形喷水池和一个壁炉,促使人们进行社区聚会。有一些单元拥有自己安全的车库,所有的单元都展示出具有特色的两个楼层的平面、从地板一直贯穿到顶棚的玻璃窗,这是一种绝非平庸的设计。

左下图：居住者们可以使用公共空间
右下图：建筑物壮丽的外观景象
对面左上图：首层平面图
对面右上图：屋顶平台为人们展现了城市的景观
对面下图：上部分楼层平面图
摄影：戴维·惠特科姆（David Whitcomb）

opposite left   Site plan
opposite right   Building's glass personality is revealed at night
top   Building's presence on the skyline
above   Parking is found in first few floors

below left	Public spaces are available for residents
below right	View of building's imposing presence
opposite top left	First floor plan
opposite top right	Roof deck offers city views
opposite bottom	Upper level floor plan
photography	David Whitcomb

对面左图：总平面图
对面右图：建筑玻璃窗的个性在夜晚展现出来
顶图：建筑的天际轮廓线
上图：在下面的几个楼层设立了停车场

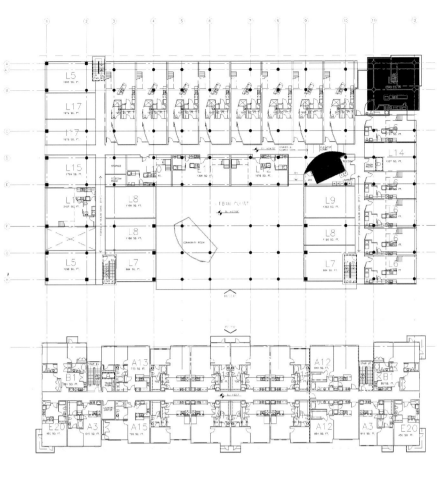

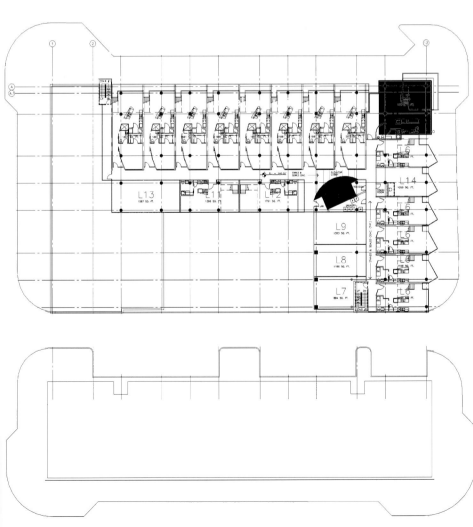

Russellville
Portland, Oregon | Commons
MCM Architects

拉塞尔维尔公共社区

波特兰，俄勒冈州
MCM 建筑师事务所

拉塞尔维尔公共社区的开发，使得一片紧临着波特兰大光明铁道（MAX Light Rail）10.5 英亩（约 4.25 公顷）的废弃地块得到了再生。基地（从前是一所学校）靠近波特兰市中心，位于一个古老而普通的单体别墅住宅及商业用途的地区。这里原规划分区是零售业/商业用地，而该基地最初是预备作为可能的带状零售业发展之用的。然而，这个项目的开发商，伦博尔德（Rembold）公司，选择了去推动一个更明智的规划，从而也更加契合邻里的需求。规划的第一阶段为一系列三层建筑物，其中包括一居室、二居室和三居室共 283 套。

这样的规划恢复了原本已被学校阻断了的街道网格，同时还避免了普通郊区住宅临街正面停车而与居住单元过远的配置形式。波特兰 200 英尺（约 61 米）见方的街道网格创造出一种紧密的步行街景，而建筑物直接临近街道并将停车场置于区块中心的设计手法又强化了这种紧密的效果。一二层的门廊与矮墙共同界定出私密空间与室外空间，而当公共空间与私密空间保持一种适宜的平衡时，就更进一步提高了步行的品质。将"停车区"（Park Block）置于中心的景观设计手法造就出另外的开放空间以及连接到北边铁道的步行道。

建筑设计一层平面为一居室，以上楼层为二居室和三居室的 townhouses。所有的前门都面向街道。进入一居室要经过一个内庭院，而 townhouse 则设有一个邻近的街道层前门，从这里再通向一部私人楼梯。建筑物的造型使三层部分隐藏在斜屋顶的下方，从而降低了建筑的总高

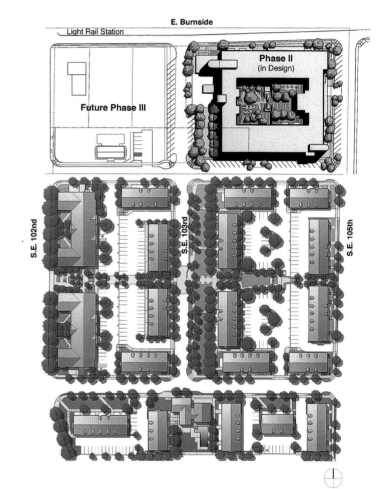

度，并创造出一种典型的建筑造型，在周围邻里环境中显得亲切而舒适。色彩运用大方，用来定义每个地块的建筑物，并进一步强化了它们之间的一致性。颜色的选择在于它们鲜明活泼的特性，以及即使在波特兰灰暗多雨的冬季也能表现明快暖色调的能力。

opposite left   Landscaping helps soften building edge
opposite right   Site plan
right top   Gable roofs establish a domestic scale
right bottom   View across complex of buildings
below   Unit fronts are shaded with trellis and balconies

对面左图：园林设计有助于柔化建筑的边界
对面右图：总平面图
右上图：人字屋顶建立起一种家庭的尺度
右下图：穿越建筑综合体的景观
底图：住宅单元的前立面被树木与露台遮蔽

顶左图： 框架结构细部
顶右图： 露台/门廊这些元素有助于私密性的形成
左上图： 在单元之间拥有充足的开敞空间
右上图： 建筑外部通过木构件连接在一起
对面顶图： 标准单元剖面图
对面左下图： 露台/门廊构造细部
对面右下图： 明亮的色彩使建筑外观富有特色

top left	Detail of trellis structure
top right	Balcony/porch elements contribute privacy
above left	Ample open space between unit blocks
above right	Exterior is articulated with wood members
opposite top	Typical building section
opposite bottom left	Detail of balcony/porch structures
opposite bottom right	Bright colors distinguish exterior

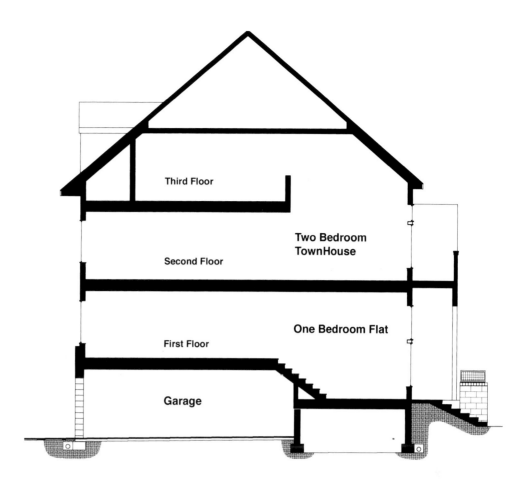

Third Floor

Two Bedroom
TownHouse

Second Floor

One Bedroom Flat

First Floor

Garage

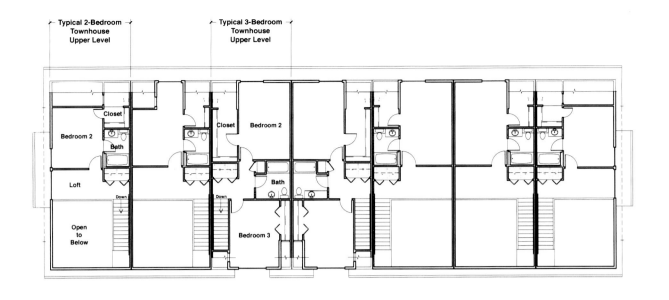

Typical 2-Bedroom
Townhouse
Upper Level

Typical 3-Bedroom
Townhouse
Upper Level

Closet

Bedroom 2

Bath

Loft

Open
to
Below

Down

Closet

Bedroom 2

Bath

Down

Bedroom 3

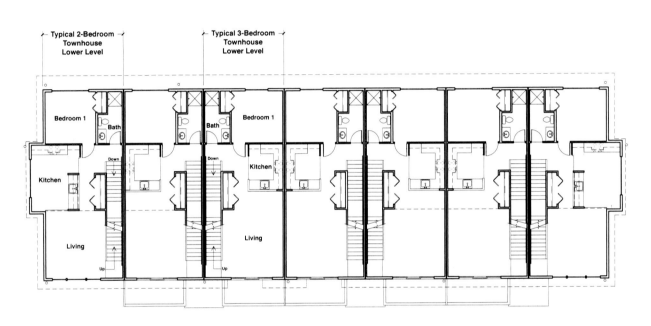

Typical 2-Bedroom
Townhouse
Lower Level

Typical 3-Bedroom
Townhouse
Lower Level

Bedroom 1

Bath

Kitchen

Down

Living

Up

Bedroom 1

Bath

Kitchen

Down

Living

Up

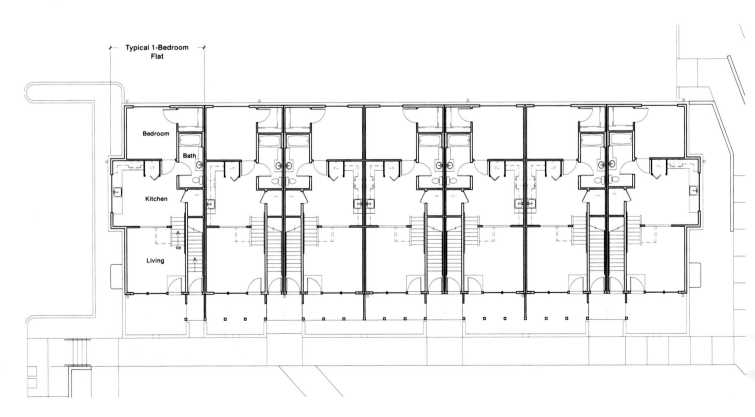

Typical 1-Bedroom
Flat

Bedroom

Bath

Kitchen

Living

Up

opposite top　　　Third floor plan
opposite middle　Second floor plan
opposite bottom　First floor plan
below　　　　　　Large windows contribute spacious atmosphere
bottom right　　　Interior is distinguished with range of materials
photography　　　Richard H. Strode

对面顶图：三层平面图
对面中图：二层平面图
对面底图：首层平面图
下图：大开窗有助于形成宽敞的氛围
底右图：建筑室内由一系列材料的运用而富于特色
摄影：理查德・H・斯特罗德（Richard H. Strode）

Summit Residence
Halls and Court

Trinity College, Hartford, Connecticut
William Rawn Associates, Architects

山顶住宅 会所与广场

三一学院，哈特福德，康涅狄格州
威廉·罗恩建筑师事务所

这个住宅综合体与广场包含公寓式布局的 173 个床位，坐落于一个山基或高台的顶部，建筑层数为 4 层和 6 层——这是将大型住宅建筑适宜地安置在狭小基地上的一个很有影响的实例。第一部分建筑物是根据学院院长设计的一份新的总平面图建造的，这个建筑综合体依照填充锯齿的方式完成，并且强化了从南到北一系列 4 个四边形。这个住宅项目树立了一套材料与结构的标准，之后建造的 3 栋建筑都将会遵从这个标准。

建筑物追求一种明确的雕塑感，这可以解释为提高知名度，从而构成中心的方庭。综合体与方庭通过一个 12 英尺（约 3.6 米）宽的坡道连接，偶尔设有几步台阶，这就好像通过一个古老的坡道进入意大利的山城。坡道是进入一个新建的上升广场的入口，然而它的宽度与缓和的坡度形成了与下层大型方庭相当平滑的连接。

建筑综合体运用了若干种建筑表现的手法。一栋长条形（bar）的建筑用作设计的主体部分，包含一个入口，

这个入口就是以现代主义的方法借鉴了现存传统建筑的式样。位于庭院内部的建筑设计则表现出更为强烈的雕塑造型，中央一栋 6 层的塔楼特色尤为鲜明。这座塔楼是从南侧进入学院的标志，它的设计参考了学院小教堂的塔楼——这是朝向遥远北方一幅画像般的景象。塔楼的造型是非历史性的，并没有求助于传统的山墙或是金字塔造型而成为线形建筑的最高点。同时它还表明了校园中住宅会所的重要性。

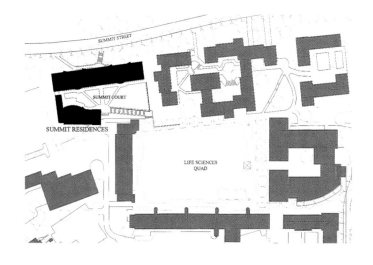

opposite left　　Summit south wing as it backs onto woods
opposite right　Summit tower's tutorial spaces open to court
right　　Site plan
below　　Summit tower as it surveys the court

对面左图：山顶住宅的南翼背靠森林
对面右图：山顶塔楼的教学辅导空间面向广场
右图：总平面图
下图：山顶塔楼如同在眺望着广场

opposite   Approach to Summit tower and court from north
below   Unit suite floor plan
bottom   Ground floor plan

对面图：从北侧进入山顶塔楼与广场
下图：标准层平面图
底图：首层平面图

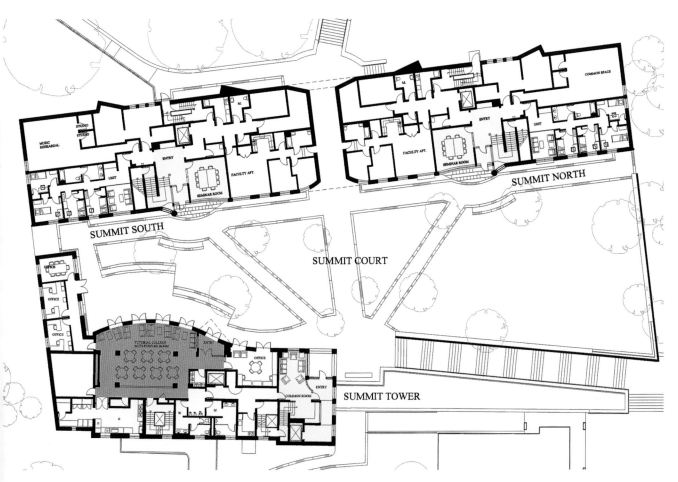

左图：山顶塔楼的教学辅导学院和多功能室
顶图：曲线形的悬挑部分有助于界定入口空间
上图：山顶塔楼的学习区
摄影：史蒂夫·罗森塔尔（Steve Rosenthal）

left	Summit tower's tutorial college and multipurpose room
top	Curved overhang helps define entrance
above	Study area in Summit tower
photography	Steve Rosenthal

Cupertino Park Center

Cupertino, California
Seidel/ Holzman Architecture

丘珀蒂诺公园中心

丘珀蒂诺，加利福尼亚州
塞德尔/霍尔兹曼建筑事务所

遵从于单体别墅居住分区的规定，同时又受到硅谷(Silicon Valley)紧张工作状况的影响，使丘珀蒂诺的社区出现了严重的工作/居住失调。由此而带来的交通问题以及社区感缺乏迫使该城市对其规划政策进行了修正，促进高密度住宅项目的开发，并大大缩减了其他办公与研发设施的建设。

丘珀蒂诺公园是一个高密度的公寓式社区，位于20世纪80年代早期总体规划构思中商业以及混合用地的区域内。它正面面对一个社区公园，侧面是拔地而起的市郊办公建筑，该项目以内廊式的独立入口以及现代主义的体块造型描绘出一种都市的语汇。

社区采用地下双层停车，从而营造出了一个以矮墙围合的庭院，很多住宅单元都面对这个庭院开口。主要的庭院入口面向公园，从街道通过一部宏伟的楼梯进入建筑内部。色彩的变化用来强调垂直的体块，并且在沿街面创造出适宜的步行尺度。

在稍大于1.5英亩(约0.68公顷)的基地上建造120套公寓住宅，从而实现了相对于其从前住宅12到15倍的居住密度，同时还开始建立起了一个社区的中心。这个项目创造出了一个全天候的活泼的多功能环境，其中包括办公场所、居住单元以及占有一栋独立建筑的餐厅。面向迪安扎大道(DeAnza Boulevard)的一个公共广场，是进入丘珀蒂诺中央商业区的通道，而西侧一个比较隐蔽的庭院则是进入基地的一个静谧的步行入口。

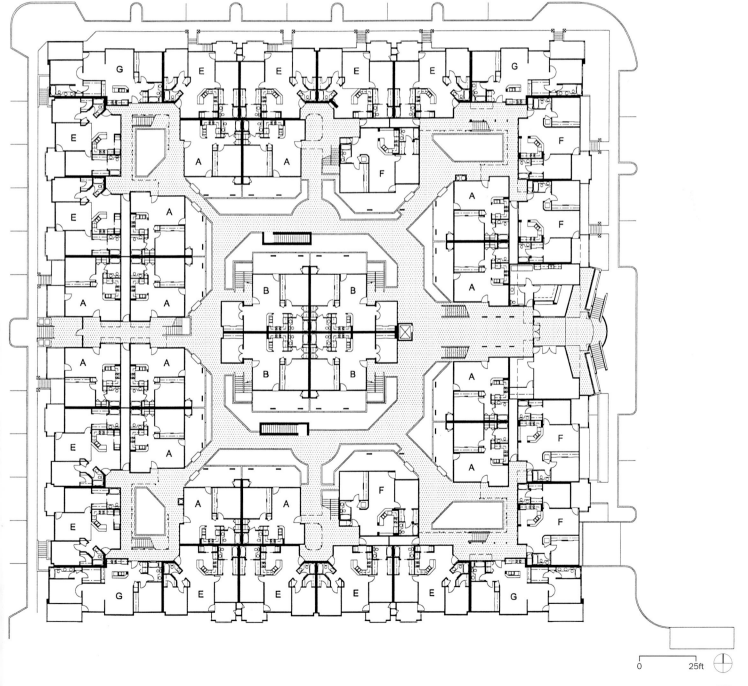

opposite　Elevations are highly articulated in geometry
right　Welcoming façade on east elevation
below　Podium floor plan

对面图：建筑立面是高度清晰的几何造型
　右图：东侧富有亲和力的立面造型
　下图：首层平面图

0　　　　25ft

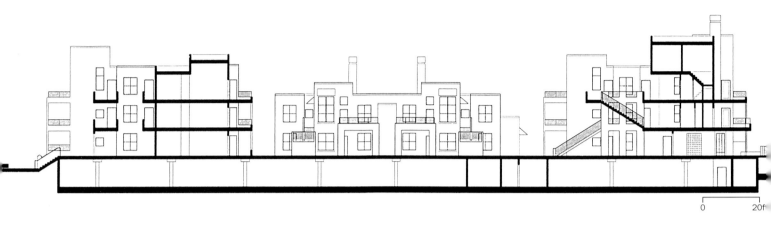

0   20f

对面顶图：东西向剖面图
对面底图：庭院的道路有助于形成步行的尺度
顶图：厨房是开放式的，与餐厅共享空间
上图：室内空间明亮而富有流动感
摄影：汤姆·赖德（Tom Rider）

opposite top	West–east site section
opposite bottom	Courtyard paths contribute to domestic scale
top	Kitchens are open and share space with dining
above	Interior spaces are light and flowing
photography	Tom Rider

Old Town
Lofts

Portland, Oregon
Robertson, Merryman, Barnes Architects

老城区复式住宅

波特兰，俄勒冈州
罗伯逊，梅里曼，巴恩斯建筑师事务所

这个包含 60 套单元住宅项目设计的一个主要目的，就是与周围环境相适应。它的周围包括谦逊的、18 世纪早期建造的砖石建筑。该设计还希望能融入中国城（Chinatown）活泼的视觉特性。规划方案包含适合多种规模、收入与嗜好家庭的单元。由于坐落在人口稠密的城市基地，设计对于视野景观与昼光照明给予了充分的重视。

坐落在波特兰老城区/中国城的附近，该建筑享有新波特兰古典中国园林（兰素园）的景观，小桥流水以及城市的天际线。作为对周围环境的回应，该住宅在停车层装饰有半透明的屏蔽，使人回想起中国园林当中的"花窗"，还有其他一些中国图案主题，包括第八层的凉廊，它就是仿照

传统中国城嵌入式阳台设计的。在转角处，该设计认识到它的入口位于 NW 第四大街的最北端，而中国城的狮子大门就在伯恩赛德（Burnside）第四大街的最南端。住宅采用砖材与混凝土作为对周围古老仓库特性的回应，单元的窗户尺度很大，但由于使用了双层悬式窗户，使得建筑在整个环境中仍然显得非常得体。

内部庭院与部分单面走道使住宅单元最大限度地获得日照以及来自走道的景观。小巧，嵌入式的"罗密欧"（Romeo）阳台形成了与室外有效的联系，同时在外观上展现出凸出与深陷的建筑处理手法。13 种不同的单元设计，面积从 600 平方英尺（约 56 平方米）到 1670 平方英尺（约 155 平

方米），其中包括屋顶阁楼的 town-house 单元。

这个项目综合了很多可持续性的设计元素。举例来说，原有建筑超过 98% 的拆除废弃物都得到了循环利用。新的橱柜由纤维板制成，粉煤灰混凝土不仅用于裸露的外饰面，还用于结构体系，而一个中央有效利用能源的水循环热力泵系统可以满足不同方向以及一天中不同时间的能源交换需求。除此之外，在南立面上部分悬挑装饰物可以使大面积的玻璃窗免受夏季阳光的侵害，而双层悬式窗户则有利于通风。第八层的凉廊与框架结构有助于绿色植物的生长以遮挡阳光。

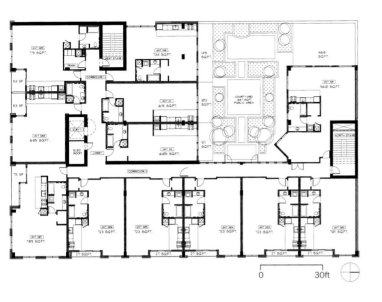

opposite left   At the corner of Fourth and Burnside
opposite right   Brick buildings in area influenced façade design
left   Third floor plan with courtyard
bottom left   Loggia at building's top
bottom right   Building's presence at corner

对面左图：在第四大街与伯恩赛德大街的转角处
对面右图：该地区的砖造建筑影响到其立面设计
左图：带有庭院的三层平面
底左图：建筑物顶部的凉廊
底右图：建筑转角处的外观

0   30ft

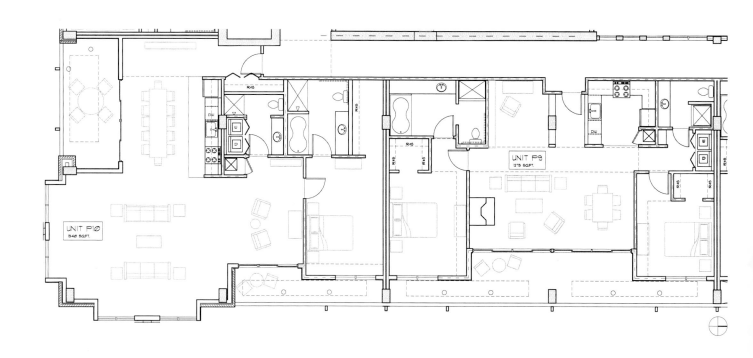

UNIT P10
1540 SQFT.

UNIT P9
1275 SQFT.

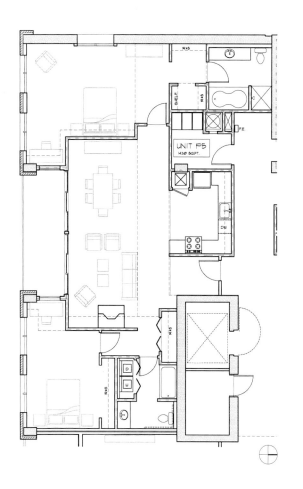

UNIT P5
1430 SQFT.

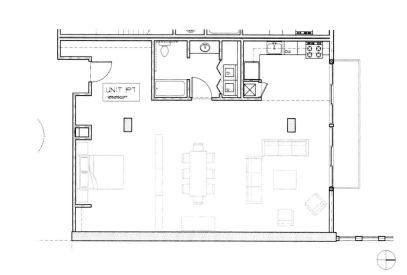

UNIT P7
1030 SQFT.

opposite　　Penthouse unit, floor plans
below left　 Inset windows offer shade
below right　Detail of corner

对面图：阁楼单元，楼层平面图
　左图：嵌入式的窗户产生阴影效果
　右图：转角处的细部处理

79

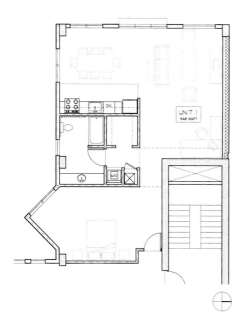

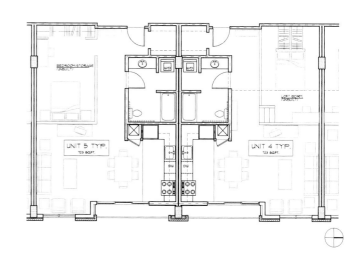

対面顶左图：木地板使室内空间显得温暖　　　　　　opposite top left　　　Wood floors warm space
对面中图：两个楼层高的单元，设有楼梯通往阁楼　　opposite middle　　　Double-height unit with stairs to loft
对面底左图：一户型单元，标准楼层平面　　　　　　opposite bottom left　　Unit one, typical floor plan
对面底右图：四户型单元与五户型单元，标准楼层平面　opposite bottom right　Units four and five, typical floor plan
左下图：自然光线从大面积的窗户照射进来　　　　　below left　　　　　　Ample windows deliver natural light
右下图：公寓室内，拥有大面积的玻璃窗　　　　　　below right　　　　　Apartment interior with large windows
底左图：七户型单元，标准楼层平面　　　　　　　　bottom left　　　　　Unit seven, typical floor plan
底右图：八至十二户型单元，标准楼层平面　　　　　bottom right　　　　Units 8–12, typical floor plan
摄影：里克·基廷（Rick Keating）　　　　　　　　photography　　　　　Rick Keating

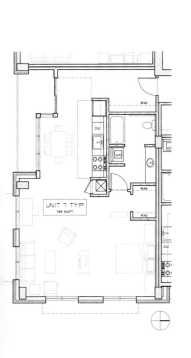

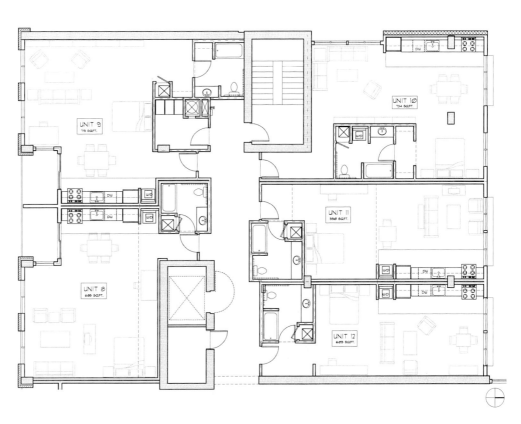

Lakeview

Chicago, Illinois
Pappageorge/Haymes Architects

Commons

莱克维尤公共社区

芝加哥，伊利诺伊州

帕帕乔治／海姆斯建筑师事务所

坐落在芝加哥林肯（Lincoln）湖岸附近一块紧凑的原来作为工业用途的基地上，该项目以特别的倾斜钢质凸窗在一组 townhouse 项目当中展现出变化与独特。

在一个近期改建的复式建筑与一个单体别墅开发项目之间建立一座桥梁，基地平面规划经济有效地分两排布置了 30 栋现代 townhouse 单元。这样的布局产生了两个独特的区域。一个是公共外观，具有抬高的前门朝向代弗塞（Diversey）林荫大道，为这个项目营造出鲜明的个性与城市化的外观。内部一排 9 个单元的布置完善了建筑的造型并界定出一个相对静谧的氛围，提供通向作为庭院兼车库的入口。每一座 townhouse 都拥有一个私人前院，并用一面砖墙遮蔽。外侧

一排住宅在规划造型上有一个开口，透过它可以看到内部的场地，同时行人也可以由此穿越到达街道。

砖材色彩上微妙的变化以及彩色落水管的垂直划分，使每栋住宅单元都在拥有自己特色的同时又保持了外观的连贯性。色彩还用来强调其他的一些建筑元素，比如说雨棚、楼梯、栏杆以及窗框。通过选用向外倾斜的钢质凸窗产生了一种戏剧般的感觉，这些钢窗被涂饰成柔和的蓝绿色。凸窗为室内空间营造出开敞的感觉，同时也扩大了空间，提供了街道上上下下的景观。建筑的转角处通过垂直的角窗得以强调。每栋 townhouse 的顶部都设有一个大型私人屋顶平台，用来展现城市天际线的景观。

below   Large fenestration openings lend bright interiors
opposite top left   Project has low walls that define private precincts
opposite top right   Alternating bays have sloped glazing
opposite bottom   Three-story project defines street edge
photography   Pappageorge/Haymes

下图：大开窗使建筑室内明亮
对面左上图：项目中的矮墙限定出私人的范围
对面右上图：交错的凸窗装配有倾斜的玻璃
对面下图：3 层高的建筑限定出街道的边缘
摄影：帕帕乔治 / 海姆斯

下图：大开窗使建筑室内明亮
对面左上图：项目中的矮墙限定出私人的范围
对面右上图：交错的凸窗装配有倾斜的玻璃
对面下图：3 层高的建筑限定出街道的边缘
摄影：帕帕乔治 / 海姆斯

Bernal

Gateway

San Francisco, California | Pyatok Architects

伯纳尔·盖特韦社区

旧金山，加利福尼亚州
皮亚托克建筑师事务所

伯纳尔·盖特韦社区坐落在拥挤的米申（Mission）街区，一块不规则形状并且带有坡度的地段。建筑师与当地社团密切联系，创造出适应新式家庭居住、拥有开放休闲空间以及丰富社区设施的设计，并考虑到了周围环境的尺度与特色。面对米申大街与西泽·查维斯（Cesar Chavez）大街的首层平面设立了一个儿童看护中心和"家庭学校"，这是为邻近区域服务的成人教育中心。在基地的内部，城市住宅面对着一系列呈阶梯状的庭院，庭院之间通过一条私人的贯穿住宅单元的通道相串联。

这个55单元住宅项目的开发是群众广泛参与的结果，在设计过程中利用建筑工具，伯纳尔·盖特韦周围75位居民组成5个设计小组参与了研究与选择。最终完成的设计包括一栋"街道围墙"式的林荫大道建筑包围着米申与西泽·查维斯大街的街角，这是这个街区主要的十字路口。位于首层的成人学校以及儿童看护中心的设计，是为了帮助那些比较低收入的家庭在经济上的自给自足与语言的精通。

前方的建筑后面是四个庭院，分别处于单元中央的三个水平面上，四周被城市住宅（family townhomes）所围绕。两个庭院设置在停车场的上方。这样的一组"新式住宅"塑造出一块小型的休闲村，避开了周围繁忙街道的喧嚣。建筑的后部面临普雷奇塔大街，这是一条狭窄的住宅区干道。两个住宅单元联合布置，以创造出更为人们所熟悉的公共边界。

成人学校，一个重要的社区机构，其入口位于面临米申与西泽·查维斯大街的街道围墙式建筑的转角处。该建筑从米申大街进入，通过一个两楼层的开放式步道，达到一个内部庭院，这里还兼作儿童看护中心的活动场地。位于两个中央庭院地下的有45个车位的停车场从米申大街进入。这两个庭院后方，位于普雷奇塔大街上的一个庭院包含为房客种植蔬菜开辟的园区。

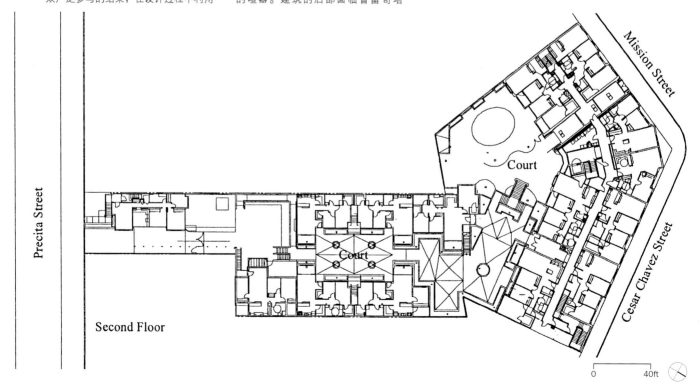

Second Floor

0   40ft

86

opposite Site plan
left Interior of courtyard offers variety of scales
below Color and massing break up façade

对面图：总平面图
左图：庭院的内部营造出多种不同的尺度
下图：用色彩与体块来分割立面

左上图：富有特色的建筑基底
右上图：尽端是比较小的单元
右图：用雨棚来标志入口
对面顶图：色彩以及开窗的形式有助于展现本土化的设计
对面底图：建筑适宜于家庭住宅的尺度

top left   Tile distinguishes building's base
top right   Smaller units are found on ends
right   Entry is marked by canopy element
opposite top   Color and fenestration contribute to domestic design
opposite bottom   Architecture is domestically scaled

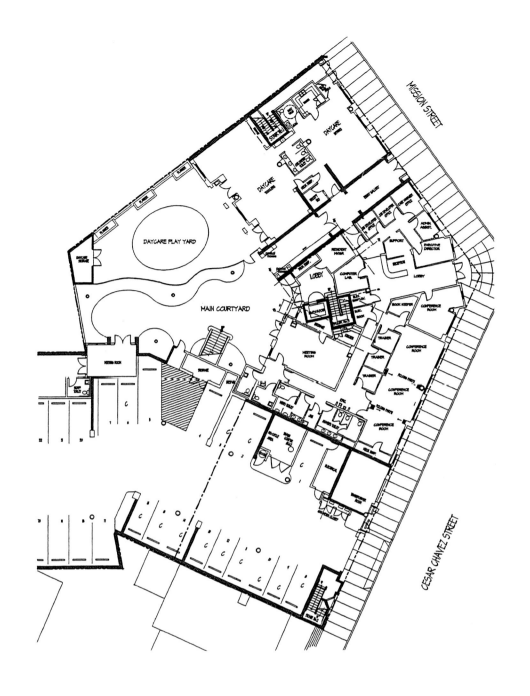

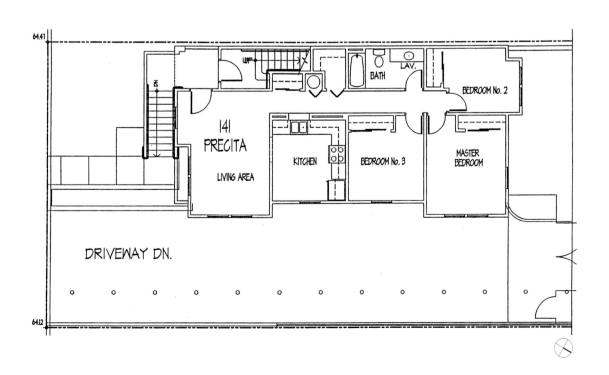

Ballpark

Hoboken, New Jersey
Sergio Guardia Architects

足球场住宅

霍博肯，新泽西州
塞尔希奥·瓜迪亚建筑师事务所

霍博肯是纽约市大都会区的一部分，通过地铁与渡轮与城市相连。这块用于新建集合住宅与出租公寓的基地以前是 19 世纪末的工业区，现在开始逐步转变为中产阶级住宅区。住宅的附近有一些工业建筑和一个供当地高中球队使用的足球场。这块基地上还包含两栋现有的工业建筑，一栋建于 20 世纪初，另一栋建于 20 世纪 50 年代。

这个项目包含三栋不同的建筑共 64 套公寓，其中两栋是现有的建筑，各自拥有其自身的语言与时代特色。第三栋建筑，平面呈 L 形，与另外两栋建筑在每个楼层都设有连接。L 形庭院包含 50 个车位的停车场。

新的建筑有五个楼层，与建于 20 世纪 50 年代的现有建筑相连，包含 14 套公寓住宅。首层布置大厅和

14 个室内停车位。新的住宅并没有效仿周围现有的建筑。相反，它拥有适宜居住的尺度以及属于自己的建筑语言。这座建筑通过运用大尺度的开窗、基座面混凝土砌块和灰泥板材，成为对周围工业化环境一种抽象的反映。

建筑物向后退缩以创造出阳台和室外走廊。体量的确定，从而产生富有动感的立面。公寓的布置充分利用了朝向与景观。顶部两个楼层的单元联合布置，以便尽可能增加能够看到纽约天际线的住宅单元的数量。

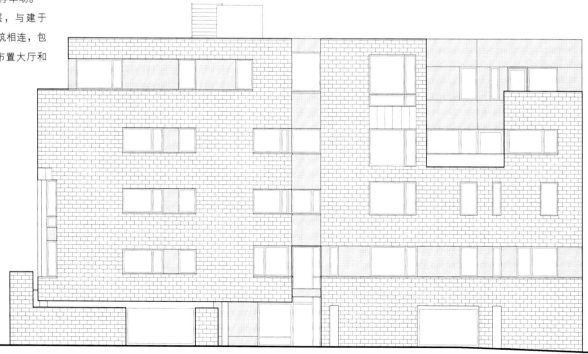

对面顶图：新建筑的左侧毗邻现有的建筑
对面底图：东立面图
　　右图：细部处理简洁的外立面
　　下图：建筑的边界靠近足球场

opposite top　　New building on left as it connects to existing
opposite bottom　East elevation
right　　Exterior is simply detailed
below　　Building as it edges next to the ballpark

left   Second floor loft space
bottom left   Interiors are simple and elegant
bottom right   Simple detailing is found throughout
opposite top   Fifth floor plan
opposite bottom Second and third floor plan
photography   Arch Photo, Inc.

左图：二层的阁楼空间
左下图：建筑室内简洁而优雅
右下图：整体的细部处理都很简单
对面上图：五层平面图
对面下图：二、三层平面图
摄影：建筑摄影公司（Arch Photo, Inc）

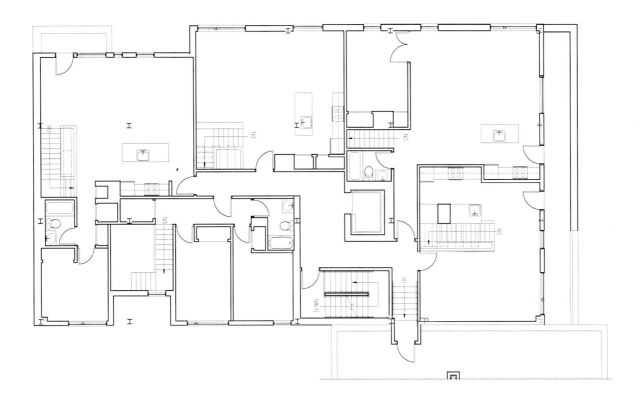

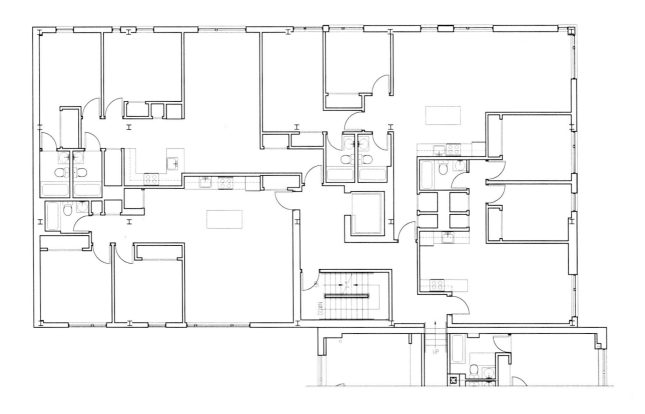

Metro Center-Citypark

Foster City, California
Seidel/ Holzman Architecture

地铁中心
——城市公园

福斯特市，加利福尼亚州
塞德尔/霍尔兹曼建筑事务所

这个项目包括三个组成部分：60套一般价位的老年住宅，40套townhouse和一块城市绿地。三者共同形成了一个多功能的市郊城镇中心，在它的附近还包含办公建筑和零售商店。设计的目的就是将这附近从前相互分离的建筑物及其使用组织在一起，为社区提供一块生气勃勃的城市绿地，并且建立起包括不同收入、不同年龄层、高密度的居住邻里关系。这个项目是由一个非赢利性的开发公司——福斯特城市再开发代理公司和一个赢利性的开发公司联合开发的。

建筑物限定出城市广场的两个边缘。众多业主都被说服共享这两块住宅基地，以避免两个项目分别占据一块基地，从而出现彼此分离的状况。这样，就由沿周边布置的城市住宅以及中央为老年人建造的5层住宅建筑，共同限定出了两个住宅区庭院。小型停车场活跃了庭院的气氛，同时也为车辆通行提供了便利条件。建筑物面对街道与城市广场的立面通过门廊入口、凸窗以及装饰性的金属细部，营造出一种强烈鲜明的步行特色。

人行步道从住宅庭院一直延伸到彻底翻新的城市绿地。这片从前缺乏足够流通与舒适性的城市绿地，现在设有宽阔的砖砌步道连接周围的办公建筑、零售商店以及住宅。长椅、照明设施、钟塔、植物、小型广场以及一条为社区服务的十字道路，成功地将这片城市绿地塑造成为人们所向往的地方。

老年住宅围绕着一个中庭设计，进入住宅单元的入口就设在这个公共空间之内。townhouse采用串联形式排列有助于达到比较高的密度，但是车库入口会比较少。单独的一栋单面townhouse是为附近零售商店货物运输设计的。

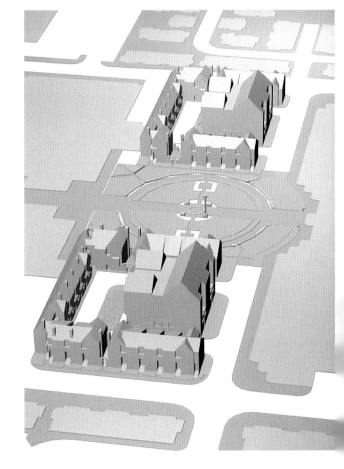

opposite left   Roofs, chimney, doorways help articulate façades
opposite right   Overall perspective view
left   Courtyard between projects is marked with clock tower
below   Green space provides appropriate foreground

对面左图：屋顶、烟囱和门道有助于清晰地表现建筑立面
对面右图：整体透视图
左图：项目之间的庭院以钟塔为标志
下图：绿地空间提供了适宜的前景

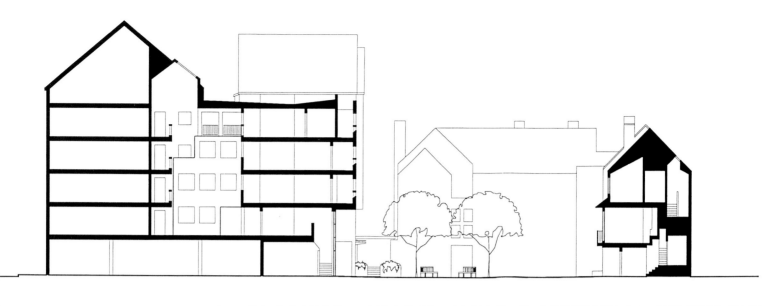

对面上图：剖面图
对面左下图：表现住宅单元的山墙屋顶
对面右下图：建筑正视图保持着住宅的尺度
左下图：微妙的色彩运用有助于明确住宅单元
右下图：从两栋住宅单元之间观看内部庭院
底图：单元上层平面图

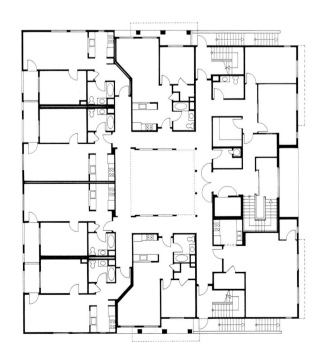

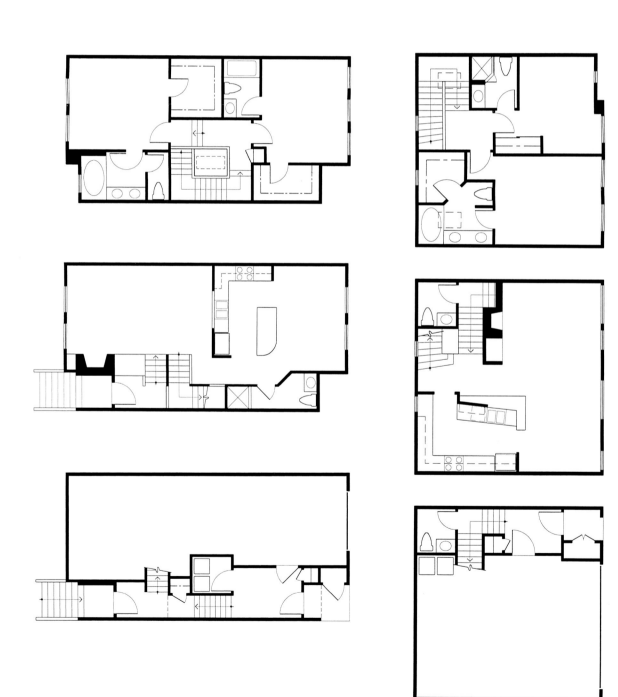

opposite top left Interior atrium offers protected space
opposite bottom left Three-story townhouse plan
opposite bottom right Three-story block unit plan
below Atrium delivers light from above
right top Kitchen offers view to entertaining area
right bottom Interiors are light, and flow
photography Tom Rider

对面顶左图：室内中庭营造出庇护性的空间
对面底左图：城市住宅三层平面图
对面底右图：标准单元三层平面图
下图：中庭由顶部采光
右上图：从厨房可以看到接待区
右下图：建筑室内明亮而富有流动感
摄影：汤姆·赖德（Tom Rider）

Summit
Rochester, New York
DiMella Shaffer Associates
at Brighton

布赖顿顶级住宅

罗切斯特，纽约州

迪梅拉·谢弗设计联合事务所

这个新建的占地 25 英亩（约10.13 公顷）的休闲社区为设计小组提出了巨大的挑战。基地北面是一条公路，东面是一个 6 层高的护理设施。现有的基地地形平坦，几乎没有任何植被，而天然的地下水位高达一英尺（约 0.3 米）。

设计需要解决的问题包括建造三个池塘，它们既是公寓以及公共区域视觉的焦点，同时也控制了并不常见的地下水高度问题。这些池塘目前吸引了很多野生动物，包括鸭子和鹅。除此之外，还对基地进行了整理、种植了植物，形成对附近公路与护理设施的缓冲。建筑物的布局自由随意，

就像是原本就松散地聚集在这片土地上的农场房屋一样。

整个社区的设计环绕着轴心一个一层高、帐篷式的建筑布局，这里是中央公共区域。这个空间包含了两个社区所有的社交场所，并为附近的辅助生活建筑提供了中央厨房。住宅建筑与一个新建的健康中心通过由玻璃与砖材建造的单层建筑与公共区域相连，从这里可以方便地看到室外的场景。蜂蜜颜色的砖墙对比预制的白色窗台、深绿色金属涂装的木窗，这些室外材料的选择最大化地表现了砖材表面反射阳光的特性，即使在阴雨的天气。所以，即便是在多雪的天气这

里看起来也是"阳光明媚"的。

两层高的辅助生活建筑为 30 位居民提供经济性简易公寓和一居室单元住宅，除此之外还包括所有的公共区域。这栋建筑的设计与特性实际上比较接近于独立的公共建筑。

为了合理地考虑到居民的年龄增长，所有的建筑物都是便于通行的。公共区域位于社区中央，交通便利，便于居民们使用。假如居民在公共通道上走累了，可以借助于倾斜的栏杆。所有住宅单元都设有方便进入的厨房以及带淋浴的宽敞浴室。

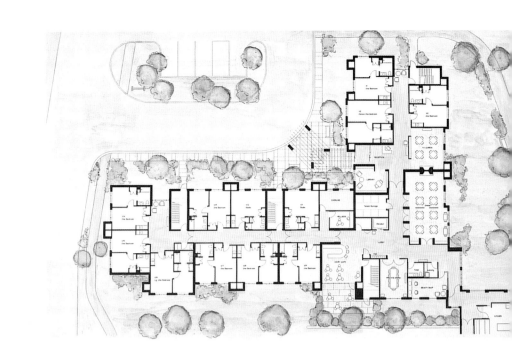

对面图：基地模型
顶图：建筑物一翼的基地平面图
左中图：建筑的尺度与周围自然环境相协调
右中图：自然景观要素强调建筑的室外效果
左图：充分利用了砖材温暖的感觉

opposite　　　Site model
top　　　Site plan of one wing
middle left　　Buildings scaled to natural surroundings
middle right　Natural features accentuate exterior
left　　　Warmth of brick used extensively

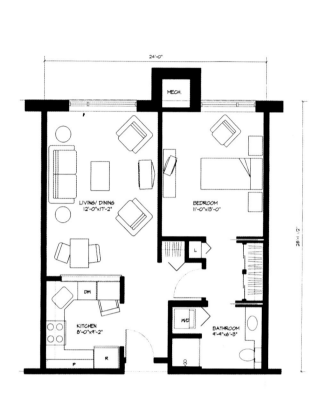

Willow
Chicago, Illinois
Pappageorge/ Haymes Architects
Court

威洛广场

芝加哥，伊利诺伊州

帕帕乔治/海姆斯建筑师事务所

芝加哥巴克敦（Bucktown）地区中心一个铁路转辙场现在变成了威洛广场城市住宅综合体（townhouse complex）。由于一个不常用的铁路线基座的存在，使基地的一端比另一端抬高了20英尺（约6.1米），这对设计提出特殊的挑战。这个地坪标高上的差异被保留了下来，而现有的维护墙经过改造，可以使全社区的人由此来到庭院。基地设计中建筑交错布局，这样在产生趣味感的同时又尽量减少了它们之间的相互干扰。以这种方式进行单元布局还可以形成景观广场，这些广场通过通道到达住宅的后部。

一条长长的车道贯穿整个基地，道路的分支是各个单元的私人车道。这些道路的表面都以砖材铺砌，并经过美化而柔和了整个环境的感觉。通过独特的工业化预制混凝土墙板体系的运用，既降低了工程造价又节省了工期。

建筑设计表现其强烈的垂直感与有力的体块，同时又敏感地营造出舒适的符合人体的比例。在建筑体块的转角处，大型黑色钢质凸窗为居民提供了广阔的视野与充足的光线。两种颜色的砖材强调了设计的造型与体量特征。住宅综合体的主体部分采用浅色的抛光砖，而竖直的凸窗则选用一种比较深的棕色材料，而黑色的金属窗框经过加工更显高雅精美。56套住宅单元都分别设有一个阁楼阳台，从这里可以看到壮阔的城市景观。

opposite　News façades punctuated with balconies
right　Different colors of brick distinquish elevations
below　Dark materials anchor building corners

对面图：阳台成为了新的建筑立面上的标点
右图：不同颜色的砖材使建筑立面富有特色
下图：深色的材料锚固在建筑物的转角处

below left　　　Back of units face each other across a mews
below right　　Detail of steel sash windows used throughout
opposite top　　Detail of brick and steel façades
opposite bottom　Forms fill out site to street edge

左下图：住宅单元的背面相互交叉形成小巷
右下图：运用于整个社区的钢窗细部
对面上图：砖材与钢材构成的建筑立面细部
对面下图：街道边缘处的建筑造型

opposite top   Typical unit kitchen interior
opposite bottom   Interior view from dining to living areas
below   Interiors are light and spacious
photography   Pappageorge/Haymes

对面顶图：标准单元厨房的室内状况
对面底图：从餐厅看到起居室的室内景象
下图：建筑室内是明亮而宽敞的
摄影：帕帕乔治／海姆斯

Twenty

Toronto, Ontario
architects Alliance

Niagra

20 单元尼亚加拉住宅

多伦多，安大略省
建筑师联合事务所

多伦多市 King / Spadina 分区地方法规鼓励对该区域进行再开发，而坐落于多伦多维多利亚纪念公园（Victoria Memorial Park）旁边仓库区的 20 单元尼亚加拉（Twenty Niagra）住宅，是这里第一个新开发的建设项目。该项目试图创造出一种新的居住类型，在实现较高密度的同时又不以牺牲家庭的观念为代价，这对于城市来说是非常重要的。

建筑包括 20 套以单面走廊连接，设计成复式结构形式的"贯穿式单元"，顶棚高 10 英尺（约 3.05 米），具有裸露的混凝土墙以及大尺度的开窗。每个单元都通向一个私人的阳台或露台，从这里可以眺望到东面的公园和城市天际线以及南面安大略湖的景色。

20 单元尼亚加拉住宅将两个富于创新的建筑体结合在一起，形成了典型的现代主义运动——围绕着一个中心交流核布置竖直叠加（vertical - stacked）的住宅单元，还有室外步道——在某种程度上，这样的布局在扩大了彼此优势的同时又得以将缺点最小化。

在北美地区，垂直核心的运用并不多见；建筑法规要求设置两个独立的出入口，这就导致了双面走道板式结构是这里普遍采用的形式。单面走道的设计方案（在英国很常见）不能提供足够的私密性，同时也不能很好地适应多伦多当地的气候。建筑师们通过对建筑的流通以及生命安全问题的重新思考，得以将这些造型富有生命力地组织在一起。

由于省掉了典型住宅的室内公共走廊，每所公寓都具有双重的外观，而每套住宅都正面朝东，面向维多利亚纪念公园。这样的布局提供了比较好的通风与采光效果，同时还可以使居民们共享国家公园的惬意。它还保留了住宅清晰的朝向，这是多伦多多数居住建筑的特色。

两部独立的电梯，每个楼层分别服务于两套住宅单元，这就是居民们主要的通道，从而取代了对公共走廊的需求。建筑法规所要求的第二个入口位于建筑的背后，通向一条线形的室外走道——这是对传统消防通道的再解释。

opposite　Building as it faces east with view of park
right　Exterior detail of sunroom
below　East elevation at night reveals volumes

对面图：建筑面向东方，可以看到公园的景象
右图：日光室的外立面细部
下图：夜晚的东立面表现出建筑的体量

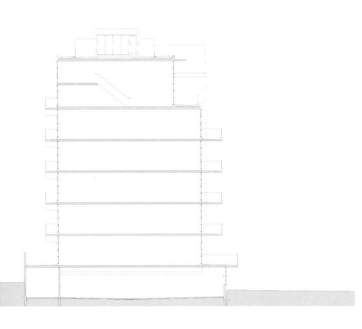

opposite top　Section
opposite bottom　Detail of glass and concrete structure
below　South elevation as it faces Niagra

对面顶图：剖面图
对面底图：玻璃与混凝土结构细部
下图：建筑南立面面向尼亚加拉（Niagra）

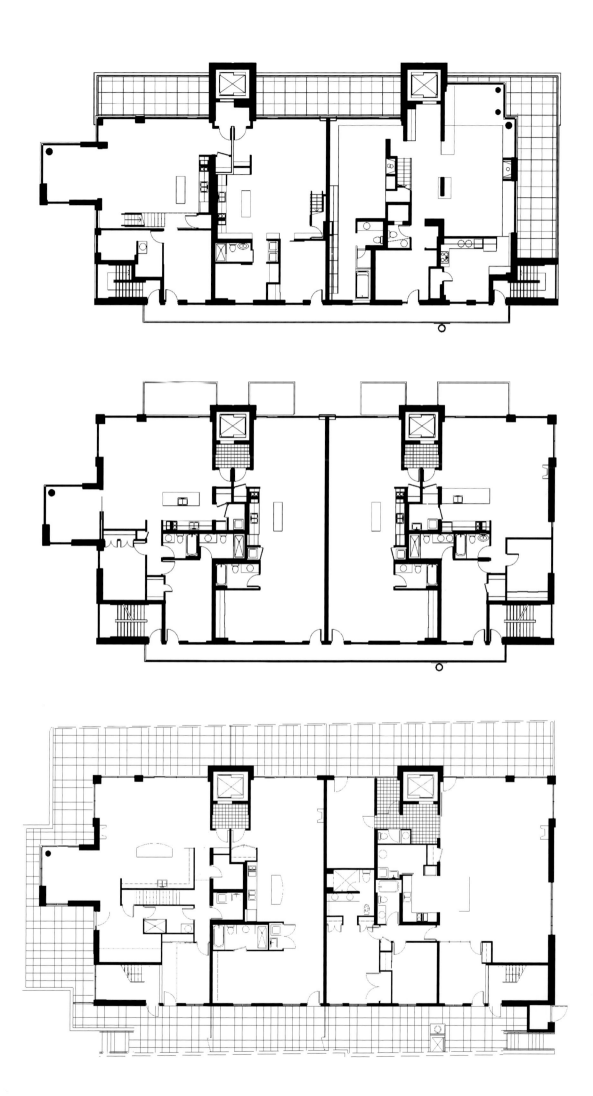

Austin Shoal Creek

Austin, Texas | RTKL

奥斯汀肖尔·克里克

奥斯汀，得克萨斯州
RTKL 建筑师事务所

这个项目的基地是肖尔·克里克沿岸一块 3 英亩（约 1022 公顷）的地段，靠近将要修建的轻轨，这个住宅小区包含 239 套单元，居民们可以徒步或骑自行车方便地到达奥斯汀。西六大街是零售商业区，这里有著名的 **Whole Food** 旗舰店，还有大型的流行娱乐餐饮场所。这个社区的建立促进了生活 / 工作并行的理念，一层的部分空间用于办公室和商店。

社区的周遭环境具有浓厚的文化氛围，其中一侧是浅滩小港，另外一侧是停车场。一座高塔"树屋"（tree house）鸟瞰小河，成为社区室外一个富有特色的空间，其基底采用奥斯汀石墙面，为由西街到达小区的人们留下了难忘的印象。项目的停车场一侧塑造出"货物码头"的特色，这是由波浪形金属天棚覆盖的工作 / 生活单元，装配有光亮的车库门，在晴朗的天气可以提升起来。建筑物根据一条通向州政府大厦穹顶的视觉走廊布局，所以整体表现为一系列小型的建筑，似乎很久之前就坐落在这里的样

子，易于与周围环境相和谐。小区朴实的色彩与生机勃勃的特色营造出一种温文尔雅的氛围，反映出得克萨斯州温暖的气候。

社区提供了 60 种不同的户型平面，其中包括含有阁楼的复式单元。公寓内采用硬木与抛光混凝土地面，具有变化的顶棚高度，配置阳台 / 天井以及全天开通的高速网络端口。在社区的中间有水池、一个健康中心、商业中心、庭院壁炉、屋顶平台以及有顶盖的停车场。

opposite left   Four-story wing as it faces the street
opposite right   Project forms a street edge
below left   Units as they face the street
below right   Warm colors used on façades
bottom   Project in its urban context

对面左图：4 层高的建筑一翼面向街道
对面右图：这个项目构成了街道的边界
左下图：住宅单元面向街道
右下图：立面采用温暖的色调
底图：该项目处于其城市大环境中

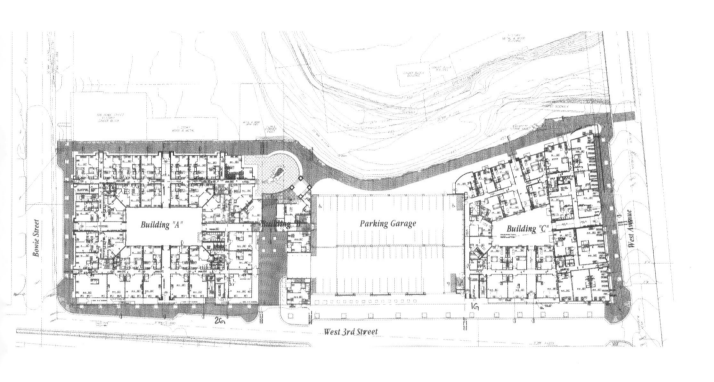

Hilltop
Suites

University of Connecticut , Storrs, Connecticut
Herbert S. Newman and Partners

山顶套房

康涅狄格州立大学，斯托斯，康涅狄格州
赫伯特·S·纽曼及其合伙人事务所

　　这个 140000 平方英尺（约 13006 平方米）的学生宿舍为大学提供了 450 个床位。新的设计以建筑的形式围合成一个四边形，从而塑造出亲切的住宅尺度。这个项目包括一个大型会议室，在首层设有一间主要休息室，另外的 4 个楼层每层还有一个比较小型的休息室，地下室设置了洗衣房。

　　由于背靠运动场，所以建筑物向内围合形成一个富有遮蔽性又使人感到亲切的入口庭院。建筑物从三面围合庭院，营造出一个室外的"房间"，为学生社团提供了一个聚会的重要场所。界定庭院的建筑两翼屋顶都采用山墙造型，以象征"家"的含义。这个庭院在视觉上也是富有安全感的，因为建筑当中有半数的房间都能够向外看到这里。在建筑物两翼的尽端，地上的 4 个楼层每层都设有一个小型休息室，供学生学习与聚会之用。建筑的转角处也设有休息空间，从这里可以看到校园的景象。在建筑入口附近是一个大型的休息室，并附有夹层，适合于社交聚会以及其他小规模的聚会。

　　除了居住委员会用房和少量的单人间，大部分的房间都是双人套房。休息区设在走廊，这也利于为房间提供令人愉悦的自然光线。套房本身相当宽敞，带有大面积的开窗，并划分为私密区和半私密区。

opposite Entry to dormitory at night
right Building backs up onto athletic field
below Gable roof forms communicate a sense of "home"

对面图：宿舍入口夜景
右图：建筑物背靠运动场
下图：山墙屋顶造型表现出一种"家"的感觉

opposite Main entrance is open and light-filled
right Building entry court can be easily seen from rooms
below Ground floor plan

对面图：主要入口是开放而光线充足的
右图：从房间可以方便地看到入口庭院
下图：楼层平面图

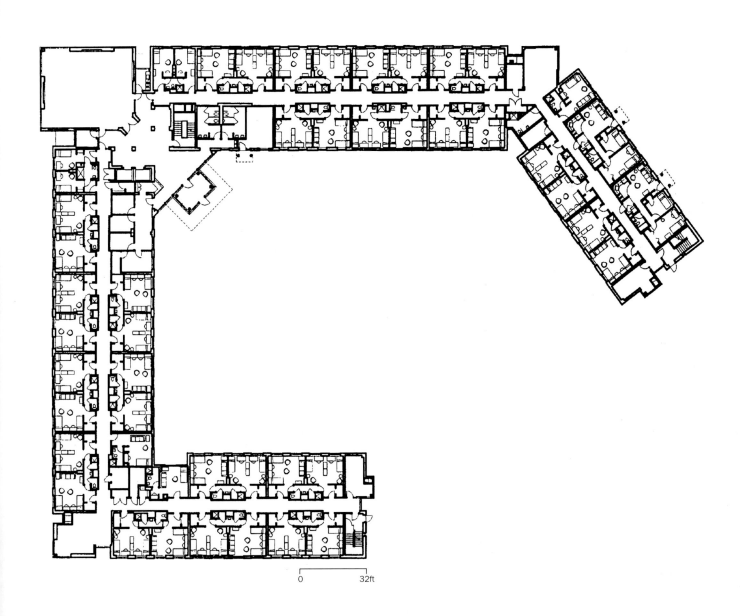

0   32ft

opposite   Large lounge on entry floor
below   View from second floor into entry-level lounge
bottom   Lounge areas offer views of surrounding campus
photography   Robert Benson

对面图：一层休息室
下图：从二层看到一层休息室的景象
底图：从休息区可以看到周围校园的景象
摄影：罗伯特·本森（Robert Benson）

对面图：一层休息室
下图：从二层看到一层休息室的景象
底图：从休息区可以看到周围校园的景象
摄影：罗伯特·本森（Robert Benson）

Park Place

Mountain View, California
Seidel/Holzman Architecture, Project Architect
Sandy & Babcock International, Architect of Record

South

南林荫住宅

芒廷维尤，加利福尼亚州

塞德尔/霍尔兹曼建筑事务所，桑迪&巴布科克国际设计公司

　　南林荫住宅是面对卡斯特罗（Castro）大街的一个高密度住宅区，人们可以从这里步行到达城市新建的公共娱乐场所。为了保持卡斯特罗大街小商业的特色，住宅的首层布置为商店。餐馆的咖啡座椅延伸到室外宽敞的人行道上。

　　面对卡斯特罗大街，三棵巨大的红杉树被保留在庭院当中，以唤起人们对于从前坐落在这里的芒廷维尤高中的回忆。庭院还引向一个步行阶梯，通往二层的住宅庭院。通过这个庭院可以到达 3 个楼层高的公寓和城

市住宅，而它们都有各自的室外入口。庭院当中的景观以及砖石的铺设营造出一种与世无争的感觉。

　　这个项目的建筑设计体现出住宅的特色，同时又与邻近的商业设施互相协调。白色的粉刷墙面与灰色的金属屋顶同北面的办公建筑所用材料相呼应，而这两栋建筑共同限定出来的一条步道穿过基地直通与卡斯特罗大街相隔一个街区的鹰广场。

　　在步道与卡斯特罗大街的交口处，建筑造型变成了类似于塔的式样。广场被设置在几个不同的水平面

上。商业广场在同一水平面上，但是它位于社区的中央，因此四面都被商业建筑与住宅所包围。其他比较低的广场贯穿整个社区，为这个包含 120 个住宅单元的社区提供了足够的公共场地。

　　社区中包含零售商店、开放的活动场，而且有步道贯穿整个社区，所以南林荫住宅小区 85 单元/英亩（约 0.405 公顷）的高建筑密度并没有牺牲掉居民们舒适性的提升。

below left　Retail uses are found at grade street level
below right　Elevation along Castro Street
opposite　Gated residential entry

左下图：建筑一层用作零售商店
右下图：沿卡斯特罗大街的建筑外观
对面图：设有大门的住宅入口

128

opposite   Courtyard is a protected space
below   Site plan, residential countyard
right   Complex has comfortable urban scale
bottom   Ground floor plan
photography Jay Graham

对面图：庭院是一个庇护性的空间
下图：总平面图，住宅庭院
右图：建筑综合体与城市的尺度相协调
底图：首层平面图
摄影：杰伊·格雷厄姆（Jay Graham）

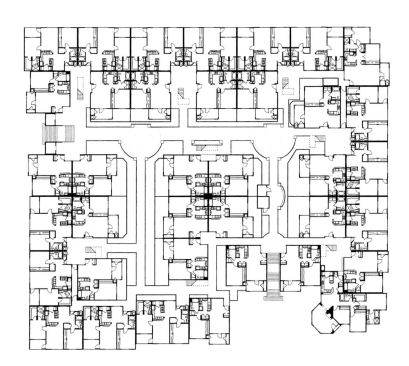

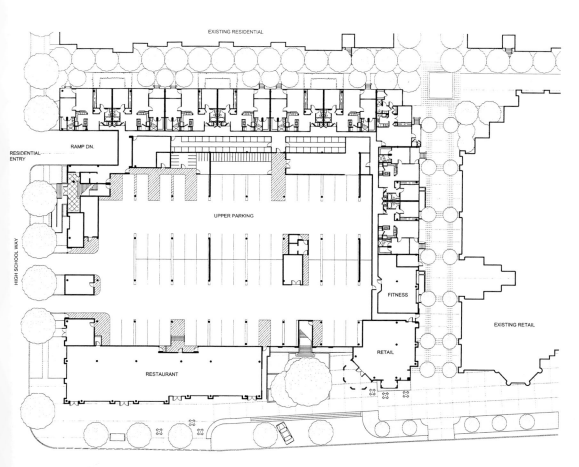

Park
West

Charlotte, North Carolina
David Furman Architecture

西园联体别墅

夏洛特，加利福尼亚州北部
戴维·弗曼建筑事务所

这个项目设计所规定的任务是在保证居住尺度的同时，在这块1.8英亩(约7284.4平方米)的基地上尽可能多的布置住宅。通过采用高效利用土地的行列式布局，共容纳了面积在1050平方英尺(约97.5平方米)到1400平方英尺(约130平方米)之间的住宅单元30栋，合每英亩(约4046.9平方米)16.6个住宅单元。

基地位于一个面临主干道开发项目的后面。因此，所有的住宅单元都是从停车场经由每单元后面的私人庭院进入的。庭院设有围墙，这样在保证私密性的同时又不会妨碍视线的通透。住宅单元面向内部停车场，排列成长条状建筑，其中有的单元是两个楼层，也有的是三个楼层，无论是面积还是售价都表现出多样性。紧凑的总平面布局保证了私人与公共区域都有适宜的尺度，在塑造出社区感觉的同时，在周边环境中又保证了一定的私密性。

住宅单元的室内是开放式的，尽可能凸显空间感，营造出更为适宜的平面尺度。在行列式布局中，建筑单元排列本是比较局促的，但是通过大面积的开窗，单元平面的两端都得到了充足的光线。起居空间贯穿各个生活区，包括接待区、餐厅、备餐以及家庭休闲区。二层的特色在于宽敞的卧室与浴室。

建筑外观全部采用木墙板，装饰成木结构建筑，细部处理干净利落。材料与色彩的运用为比较传统的建筑式样注入了新意，使其在市场中占有优势。独特的美感，适中的售价以及所处位置，使得这些住宅单元销售迅速。

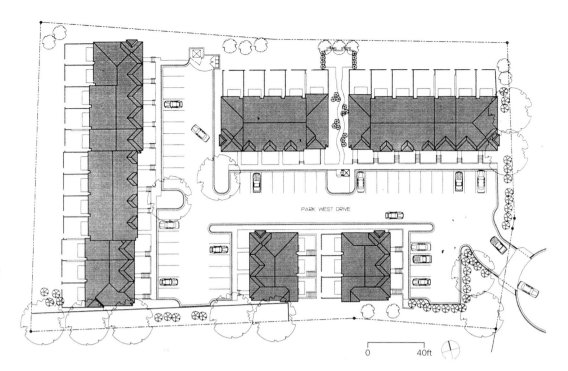

对面左图：窗户的处理增添情趣
对面右图：住宅单元略微退缩街道边缘
右图：总平面图
下图：单元入口具有舒适的居住尺度

opposite left　Window treatments create interest
opposite right　Units are slightly held back from
　　　　　　　street edge
right　Site plan
below　Unit entries have a comfortable
　　　　domestic scale

PARK WEST DRIVE

0　　　　40ft

opposite top   Unit A floor plans one to three
opposite middle   Unit B floor plans one to three and section
opposite bottom left   Expressive elements are found throughout exteriors
opposite bottom right   Units exhibit generous fenestration
right   Interiors are light and open
below left   Materials are simple but crisply detailed
below right   Colors are bright and warm
Photography   Tim Buchman

对面顶图：A 户型单元一至三层平面图
对面中图．B 户型单元　至二层平面图及剖面图
对面底左图：在建筑外观上随处可见富有表现力的元素
对面底右图：住宅单元展示出大面积的开窗
右图：室内空间开放而光线充足
底左图：材料运用简单，但是细部处理干净利落
底右图：色彩明亮而温暖
摄影：蒂姆·布克曼（Tim Buchman）

Gateway
Commons

Emeryville, California
Pyatok Architects

Gateway 公共社区

埃默里维尔，加利福尼亚州
皮亚托克建筑师事务所

坐落在一条 30 英里(约 48 公里)长，贯穿六座城市的林荫大道上，这块废弃的基地成为了附近居民抗议与活动的焦点，因为这里不仅存在着毒品交易，还有一家疏于管制的酒馆。在这个聚集着低收入人群与不同人种的社区，附近的居民们成功地取缔了酒馆，并确保由一家非赢利性的公司承揽这块土地的开发。基地分别由三个辖区管理——中央的一条地下河归国家所有，而河的两侧分属两座城市。于是这就成为了六次公众参与的设计讨论会上的焦点，期间由居民组成的四个小组，利用建筑师提供的三维模型工具，对于基地开发的可能性进行了探讨。

讨论的结果是在这块基地上，为中低收入第一次购房的居民提供 17 套住宅，围绕中央一块机动车—步行场地分两排布局。居民们意识到没有人愿意购买这样临近交通干道的住宅，除非他们需要在一层开设家庭为基础的小商业。另一方面，他们也意识到并非所有的业主都会考虑从事小商业。因此，住宅面向街道有一间两个楼层高的可供灵活使用的前室，它可以被用作小商店；而假如业主只是要单纯满足居住的用途，那么前方一个"室外天井"就可以用作对交通干道噪声与私密性的缓冲区。

后面一排住宅单元没有临街面，为了提供从事"商业活动的可能性"，为一间卧室配置了简易卫生间，并为一间嵌入式厨房铺设了管线，从而使这个房间可以用作附属的出租单元，它由后院进入。所有的住宅单元在停车场的上层都设有室外平台，与厨房—餐厅相连。中央车道的铺设类似于步行广场，并且有意使这里成为一个娱乐区域。基地当中地下河流过的地方布置了景观开放空间。

opposite   Development as it faces San Pablo Avenue
left   Site plan
below left   San Pablo Avenue façade faces west
below right   Detail of 48th Street façades
bottom left   Gate affording center of development privacy
bottom right   Color and form articulate development

对面图：开发项目面向圣巴勃罗（San Pablo）大街
左图：总平面图
左下图：圣巴勃罗大街沿街立面朝向西方
右下图：第 48 大街沿街建筑立面细部处理
底左图：大门为社区的中心区提供了私密性
底右图：色彩和造型使这个开发项目富有表现力

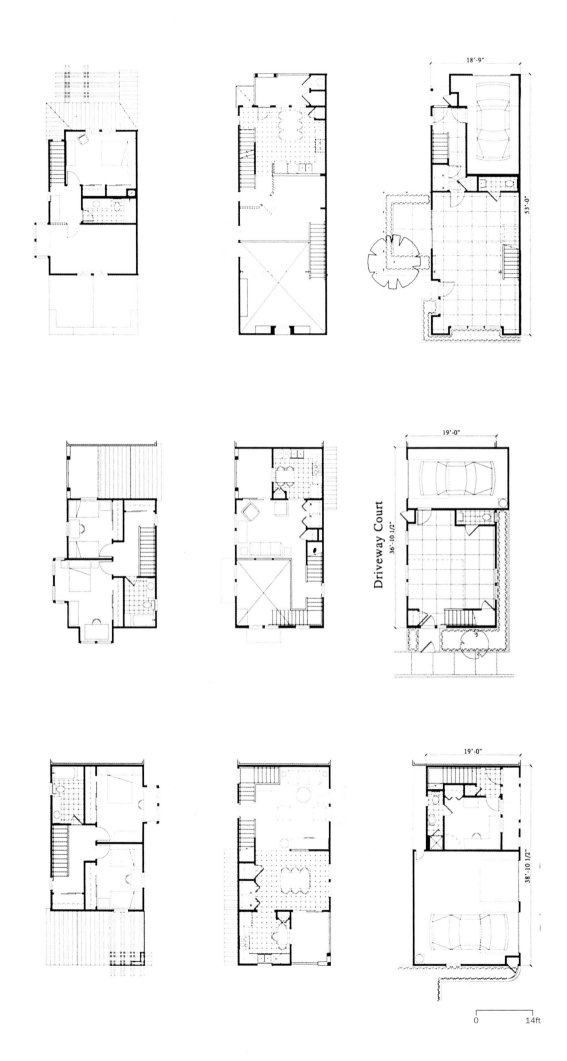

Driveway Court

18'-9"

53'-0"

19'-0"

36'-10 1/2"

19'-0"

38'-10 1/2"

0   14ft

面顶图：圣巴勃罗大街住宅单元平面图
面中图：第48大街住宅单元平面图
面底图：街道转角住宅单元平面图
　右图：住宅单元起居空间的室内效果
　下图：西立面细部处理
　底图：由机动车一步行广场可通向各个住宅单元
　摄影：皮亚托克建筑师事务所

opposite top　San Pablo Avenue unit plans
opposite middle　48th Street unit plans
opposite bottom　Mews corner unit plans
right　Interior of living space in unit
below　Detailing of west-facing façade
bottom　Auto-pedestrian court provides access to units
photography　Pyatok Architects

15 Waddell

15 单元公寓楼

亚特兰大，佐治亚州
布罗克·格林建筑师事务所

这座 18000 平方英尺（约 1672 平方米）公私共有的公寓项目，是典型的 20 世纪 20 年代早期现代主义建筑风格。坐落在亚特兰大历史著名的工业区因曼（Inman）地区，这栋包含 15 个单元的开发项目充分展示了其混凝土构造技术。这些住宅单元的设计旨在唤起人们对于欧洲现代主义机械美学回忆的同时，提供当代生活所需的所有便利。

这栋 3 个楼层的建筑物呈紧凑的长方体。混凝土盒子剥落的部分显露出木质的元素。该项目的建造采用了一种独特而经济的上翻混凝土板构造技术，这些板块可以作为阳台以及部分平面外凸和内凹的衬底。从面对停车场的建筑东立面，可以清晰地看出上翻混凝土板的结构。窗户结合上翻

墙体设置，提供了城市天际线的框景。经过着色处理的温暖的柏木围护板，同混凝土墙板精密的机械感形成对比。

为了在布局紧凑的平面中表现出开放"阁楼"的氛围，采用了由平板玻璃与薄型玻璃砖混合装配的大面积开窗。住宅单元室内明亮、通风、宽敞，配有裸露的机械管道以及温暖的木地板。在每间浴室的四周都装有磨砂玻璃，这样既可以享受到自然光线，又不会损害到私密感。

屋顶平面由连贯的钢柱支撑，柱子从地面层一直贯穿至屋顶，并沿建筑物周边表现出一个连贯的边界。消防楼梯被拉到整个建筑体量之外，作为一个结构性元素暴露在外部。

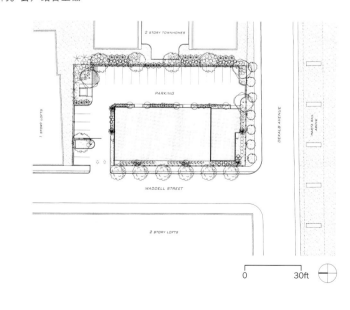

对面左图：东立面表现出上翻混凝土板的结构特点
对面右图：总平面图
　　右图：住宅单元阳台的细部处理
　　下图：从西南方向观看建筑，具有受侵蚀的效果

opposite left　East elevation expresses tilt-up concrete panel construction
opposite right　Site plan
right　Detail of unit balcony
below　Building from the southwest, with eroded form

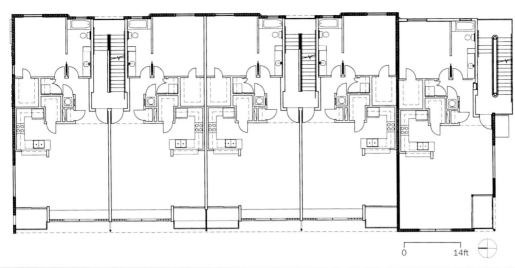

0   14ft

opposite top   Second and third floor plan
opposite bottom   Spacious unit interiors are filled with light
right   Transverse section
below   Units feature glass-block windows and clear glass
photography   Rebecca Bockman

对面上图：二、三层平面图
对面下图：宽敞的住宅单元室内充满阳光
右图：横剖面图
下图：住宅单元的窗户由玻璃砖和透明玻璃组成，富有特色
摄影：丽贝卡·伯克曼（Rebecca Bockman）

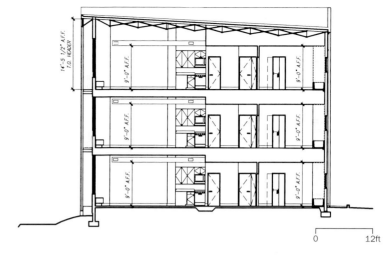

0   12ft

Riverwatch

New York, New York
Hardy Holzman Pfeiffer Associates

水景住宅

纽约，纽约州
哈迪·霍尔兹曼·普法伊费尔联合设计事务所

水景住宅（Riverwatch），坐落在南海湾的右侧，属于曼哈顿最下面的纽约巴特里帕克城（Battery Park City）剩余的少数用于开发的基地之一。这个集合住宅开发项目当中 70% 的单元按照市场售价销售，另外 30% 以抽奖的形式提供给低收入的家庭。

对于城市居住来说，水景住宅拥有一块理想的基地。它处于第二广场和第三广场之间，面朝巴特里广场，并能够观赏到哈得孙（Hudson）河的景色。这座 9 层高的建筑物共有 209 套住宅单元，其中包括 5 套三居室、89 套两居室、105 套一居室和 10 间工作室。建筑平面呈 U 字形，这种内向型的体量在建筑后方围合成一个公共庭院。这是个宜人的场所，可以由围绕它布局的公寓两翼观赏到，它

为居民们提供了一个城市中的绿色休闲区。

建筑物的外观唤起人们对曼哈顿传统公寓住宅设计的感觉。正立面沿街道边缘布置，以强化该地区的城市建设密度。这个设有玻璃凸窗的立面很富有表现力，居民们可以通过凸窗上下打量街道，同时还可以观赏到河流的景色。转角窗的设计使住宅单元内照射到更多的阳光。一条花岗石甬道也是建筑的一大特色，其基座由面石灰岩构成，而建筑物外观的大部分是由灰褐色与浅黄色的砖材组成的。在建筑的顶冠部分，设有一个顶部处理考究的挑檐板。公共入口门厅以深暗的冷色调装饰，营造出一种典雅而精美的氛围。

对面图：建筑物的后方限定出一个庭院
左下图：从街道上看到的建筑物正立面
右下图：转角窗强调光线与视线的通透
底左图：宽敞的门厅欢迎居民以及客人们的到来
底右图：入口门厅由深色的木材装饰，给人以亲切的感觉
　　摄影：克里斯·洛维（Chris Lovi）

opposite	Building as it defines a courtyard at the rear
below left	Front façade at street level
below right	Corner windows accentuate light and views
bottom left	Generous lobby space greets residents and visitors
bottom right	Lobby is welcoming and refined with dark wood
photography	Chris Lovi

1500
Orange Place

Escondido, California
Studio E Architects

1500 橙色广场

埃斯孔迪多,加利福尼亚州
E建筑师工作室

在埃斯孔迪多老城区一条小街上窄长形的基地,排布着32栋一居室、两居室、三居室以及四居室townhouse住宅单元。住宅单元成组布局,在南加利福尼亚传统别墅区限定出可供使用的室外空间。共有三个独立的庭院;中间的一个为公共活动区域,配有全部设施,包括会堂、室外平台、儿童游戏区以及小公园。

在"行人"活动区之间交替布置着机动车道,其尺度便于管理。每一条这样的车道都布置成丛林的感觉,并被视为是恰好具有停放机动车功能的景观区。

通过将住宅单元围绕室外空间布局,围合出了一系列的庭院,在这些庭院设置后移式织物遮阳篷(Pull-back fabric awnings)。这些庭院空间三面围合,一面与住宅室内起居室相贯通,在室内与公共庭院之间设有小门。

住宅单元自身的尺度设计相当考究,运用了多样变化的造型与材料,这些造型和材料在南加利福尼亚地区都很常见。阳台构成了有趣的造型,它的顶上遮盖着框架棚顶,并设有由矮墙围合的小院。这个项目具有非常亲善的步行环境,构成了一种亲密的邻里关系。建筑外观采用的是简单的灰泥粉刷、木材、金属围护板,还有大尺度的出挑来遮蔽阳光。

室内设计细部处理简洁、开放、明亮、宽敞,视线能够穿过几个空间层次,观赏到室外的生活区。大面积的开窗以及室内适中的尺度,使得起居空间充满阳光。室内通过暴露的木梁可以看出结构的表现。

left	Interiors are light and connected to outdoor space
above	Sensitive scale of townhouses
opposite top left	Axonometric of typical unit
opposite top right	Three- and four-bedroom unit floor plan
opposite bottom left	Townhouses use a variety of materials
opposite bottom right	View of courtyard space
photography	Courtesy of architect

左图:建筑室内充满阳光,并与室外空间相贯通
上图:townhouse设计考究的比例
对面左上图:标准单元轴测图
对面右上图:三居室以及四居室住宅单元平面图
对面左下图:城市住宅运用了多种建筑材料
对面右下图:庭院空间景观
摄影:建筑师惠允

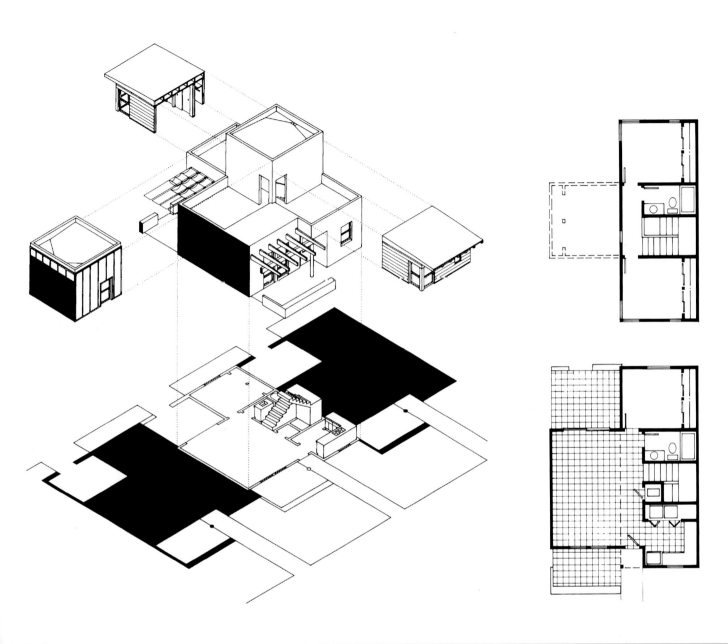

King Farm

Rockville, Maryland
Torti Gallas and Partners

Apartments

国王农场公寓

罗克维尔，马里兰州
托尔蒂·加拉斯及其合伙人事务所

国王农场（king Farm）开发项目在传统的居住区设计中，富有新意地将高密度与低密度两种布局形式结合在了一起。该项目中的建筑物面向街道，形成了传统的街道景观，同国王农场地区的整体规划景观相协调。另外，建筑物还围合形成了一些内部空间，并设有一系列通向单元后部停车场的小径。

国王农场开发项目包括 32 栋建筑，共 402 套住宅单元，拥有四种不同的单元户型。其中包含六栋建筑中的 176 套花园公寓住宅。基地的总面积略小于 13 英亩（约 5.3 公顷），这样的单元数目保证了一种亲密的邻里氛围，而这也正是传统居住区设计的特色。

由三种不同的单元类型构成了该项目的低密度部分，创造出富有变化的街道景观，同那些传统的居住区相类似。Townhouse（3 层，独立单元）和查尔斯顿（Charleston）住宅（3 层独立单元）共同构成了街道景观的"主体"。Townhouse 是在这一地区常见的一种住宅形式。

查尔斯顿住宅是南加利福尼亚查尔斯顿地区本土化的住宅形式，它是"独栋住宅"的一种变形，其标志在于侧面的门廊，它有助于自然冷却降温。马诺（Manor）住宅，3 个楼层包括 9 套住宅单元，其特色在于大面积的转角空间。这栋建筑坐落于主要街道交叉口的转角处。

花园公寓住宅，占据基地的西北部分地块，形成了绿色的庭院。它的布局很独特，环绕着一座 4 个楼层的混凝土停车库，而且车库与住宅的每一个楼层都直接贯通。

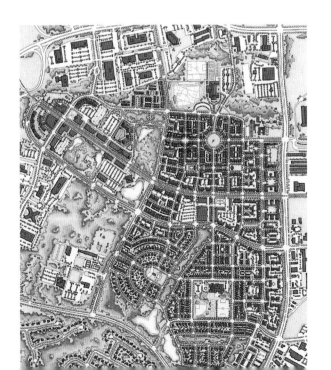

左图：社区总平面图
摄影：托尔蒂·加拉斯及其合作者
对面顶左图：查尔斯顿住宅单元设有侧面的门廊
对面顶右图：住宅单元的建筑密度有助于营造社区的吸
对面底图：查尔斯顿住宅单元设计考究的比例
摄影：理查德·鲁宾逊（Richard Robinson）

left　　Overall community plan
photography　　Torti Gallas and Partners
opposite top left　　Charleston House units have side porches
opposite top right　　Density of units contributes community appeal
opposite bottom　　Charleston House units are sensitively scaled
photography　　Richard Robinson

Parkview

San Jose, California
Sandy & Babcock International

Senior Apartments

帕克维尤老年公寓

圣何塞，加利福尼亚州
桑迪&巴布科克国际设计公司

部分全区整体规划设计要求对从前的一块工业区进行更新，而这个项目为圣何塞市提供了亟需的价格适中的老年住宅。该项目是由全基督教住宅联合会开发建设的。这个老年住宅社区包括平价的家庭住宅和town-house，不同的建筑类型分别布置在不同的小区块内。三种不同形式的住宅沿一条步行走廊布局，而这条步行走廊通向一个新建的零售中心。三种不同类型的建筑通过庭院相连，这样的设计有助于使整个社区中不同年龄层与收入水平的居民们的彼此交往。

140套低收入老年公寓布置在4个楼层的建筑当中，中央环绕着一个具有私密性与安全性的庭院。这个庭院是整个项目绿色的心脏，人们可以从住宅单元通过阳台眺望到这块场地。庭院布置着具有特色的分格，还有充足的空间供居民在此坐下来休息

与消遣。这个住宅项目的建筑密度为39单元/英亩（约0.405公顷）。

除了首层的会议及娱乐设施，在每个楼层还另外设有一个"客厅"或"起居室"，供居民们参与社会活动。建筑设计简单利落，而内敛的色调、精心处理的细部造型、阶梯状的立面造型以及嵌入式的阳台，都对建筑设计起到了柔化的作用。茂盛的植物有助于调整人体的尺度感。尽管这个社区的建筑密度还是相当高的，但是通过景观设计、自然光线的渗透以及建筑物的体块造型，使得该社区的建筑密度看起来要比实际低一些。

右上图：标准单元楼层平面图
右图：庭院提供了供居民坐下来休息与交往的庇护性场所
对面上图：首层平面图
对面下图：色彩的运用以及形成阴影效果的退缩使建筑立面富有生气
摄影：杰伊·格雷厄姆（Jay Graham）

top right   Typical unit floor plan
right   Courtyard offers a protected place for sitting and socializing
opposite top   First floor plan
opposite bottom   Colors and shaded setbacks enliven façades
Photography   Jay Graham

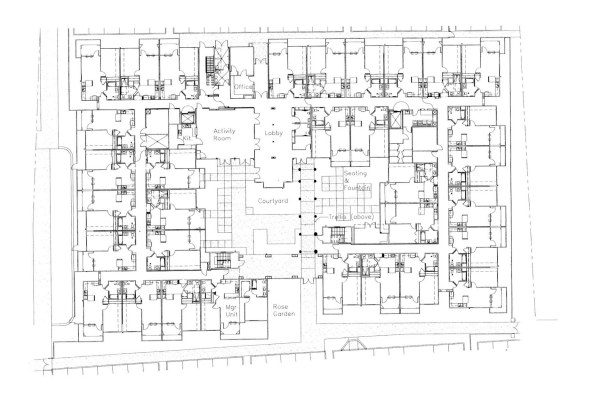

Block 588

Dallas, Texas
RTKL

588 区住宅

达拉斯，得克萨斯州
RTKL 建筑师事务所

坐落在达拉斯市中心附近历史著名的托马斯（Thomas）地区，这个项目包含 127 套两层复式住宅单元，总建筑面积 230000 平方英尺（约 21367 平方米）。住宅开发营造出一种阁楼仓库（loft warehouse）的建筑特色，与周围的城市环境相协调，并充分利用了公园和市中心区的景观。建筑外观材料的选用同周围建筑环境联系得相当紧密——砖材、钢材、网格、金属窗框、粗加工的混凝土——使建筑展现出一种强劲而有力的外观。在阁楼层，以一对黄色的钢管支撑屋顶，这是又一处展现建筑物机理的处理。同时它也成为 588 区住宅在达拉斯的一个标志性的符号。

这座 5 层建筑呈 U 字形的平面有助于围合成一个庭院，从住宅单元可以眺望到这个庭院以及城市的天际线。所有的住宅单元，包括四套阁楼单元，都能够观赏到达拉斯市中心的景象，包含两个楼层的复式单元顶棚高度 19 英尺（约 5.8 米）。室内的特色在于裸露的混凝土、木地板以及暴露的钢质连接构件，这些元素都突出了真实的阁楼建筑美学特色。所有单元都设有由地板一直贯通至顶棚的开窗。在建筑呈弧形的南立面，混凝土结构为阳台遮蔽了达拉斯炽热的阳光。阳台之间简单的有沟纹的屏蔽提供了视觉上的私密性，这样的设计同阁楼建筑的美学特色相匹配。

地下停车场可容纳 143 个车位，同时它也为街道一侧的庭院以及居民活动平台提供了基础。庭院的设计具有特别的风格。庭院的地面铺砖造型精美高雅，当从住宅单元俯视的时候会使人产生一种具有深度感的错觉。

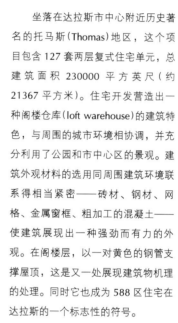
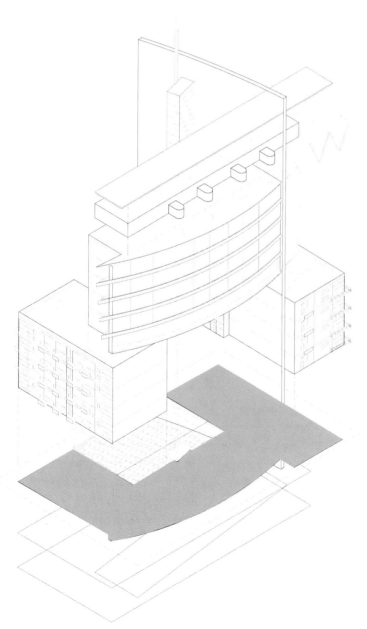

左图：轴测图
对面上图：弧形墙面开阔了住宅单元的视
对面下图：南立面细部处理

left　　　　　　Axonometric
opposite top　　Curved wall opens units to views
opposite bottom　Detail of south elevation

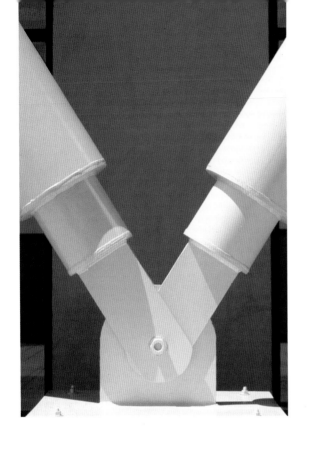

left   Detail of roof brace
below   East elevation with distinctive brace
opposite top left   First floor plan
opposite top right   Second floor plan
opposite bottom   East elevation distinguished by balconies

左图：屋顶支柱细部构造
下图：东立面以及富有特色的支柱
对面左上图：首层平面图
对面右上图：二层平面图
下图：阳台的造型使东立面富有特色

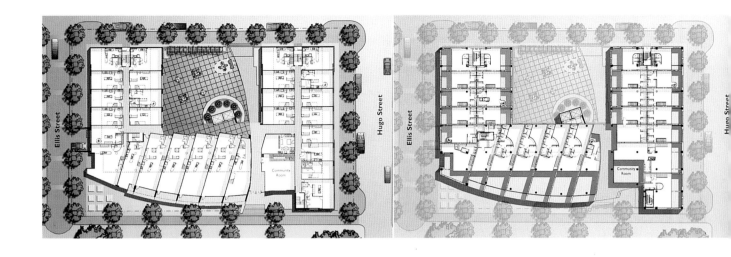

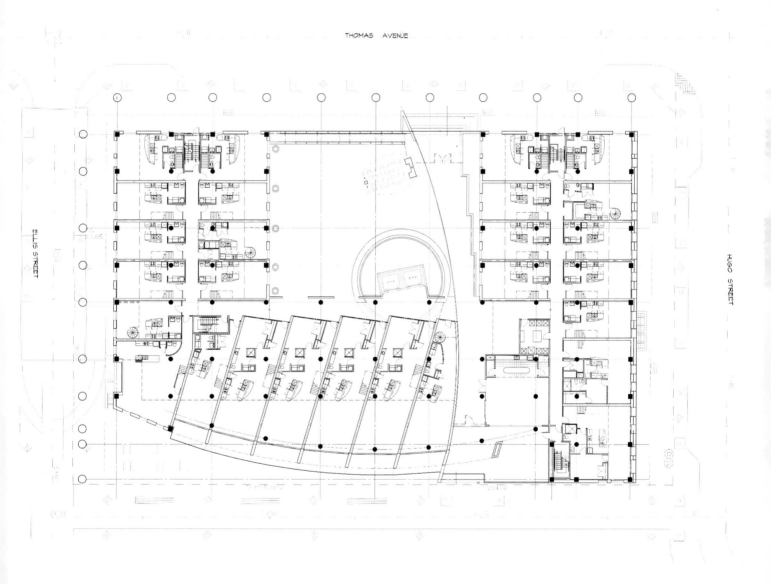

THOMAS AVENUE

ELLIS STREET

HUGO STREET

City Life
Courtyard Housing

Portland, Oregon, USA
Ellen Fortin and Michael Tingley, Design Architects
Robertson, Merryman, Barnes Architects, Architect of Record

城市生活庭院住宅

波特兰，俄勒冈州
埃伦·福廷，迈克尔·廷利；罗伯逊，
梅里曼，巴恩斯建筑师事务所

这个项目是一次关于平价、创新城市庭院住宅设计竞赛中的获奖作品，由非赢利性的开发部门建造。其目标是证实市场的可行性、对居民支付能力的可行性、设计的和谐性以及城市中密度住宅设计的创新性等议题。针对这块基地的设计策略在于对其周边环境状况的探讨：基地的东面为轻工业区，而在其他的三面则环绕着建于20世纪早期比较传统的单一家庭住宅。

10栋住宅单元布局为两个相互环扣的L形并设有庭院，而庭院正是居民们活动的焦点。沿街排列的住宅为两个楼层，使阳光尽可能照射到庭院当中。长条状的住宅建筑被一些通向庭院的小路分隔成几个部分，从而在庭院与街道之间形成了路线以及视觉上的穿透，同时这样的尺度也和周边的单一家庭住宅建筑更为和谐。沿小路布置三层的住宅单元，在工业区与庭院之间形成了一个缓冲区。

庭院是这个项目当中的组织性元素，代表了社区的观念，同时也正是该项目的特色所在。庭院是公共领域与私人领域之间相互作用的中间地带，为每一栋住宅单元带来了宽敞的开放性空间。通过周围建筑巧妙的方位调整变化形成遮蔽，这个规划布局刻意展现出一种随意的特性。庭院空间是一个具有多种使用可能性的空间，具有众多的价值：它是一个秘密花园、一个非正式的聚会场所以及一个小型社区的界限。

布局紧凑的住宅单元室内具有令人意想不到的局部变化以及丰富的材料运用，其中包括暴露的木质顶棚。类似于鹦鹉螺外壳的单纯性，单元中的流线将人引向更为私密的空间。沿街布局的住宅单元同时面对街道和庭院，共享这两个不同的领域。沿小巷布局的住宅单元是围绕庭院组织的。与联排式布局方式相区别，住宅单元通过朝向的调整，尽可能扩展面向街道和庭院的立面，以获得更为充沛的阳光与宽阔的视野。

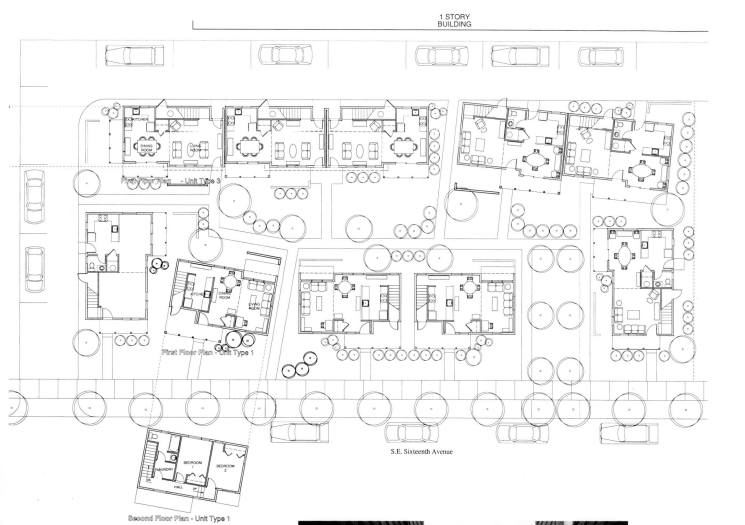

opposite top left   Partial courtyard elevation
opposite bottom left   Protected courtyard space
opposite bottom right   Materials and scale are domestic
right   Units with porches on courtyard
far right   Courtyard lends intimate scale
below   Site plan
bottom   View between units

1 STORY
BUILDING

KITCHEN

DINING
ROOM

LIVING
ROOM

First Floor Plan - Unit Type 3

KITCHEN

DINING
ROOM

LIVING
ROOM

First Floor Plan - Unit Type 1

LAUNDRY

BEDROOM
1

BEDROOM
2

DN. HALL UP

Second Floor Plan - Unit Type 1

S.E. Sixteenth Avenue

对面顶左图：部分庭院立面图
对面底左图：具有庇护性的庭院空间
对面底右图：材料的运用以及建筑的尺度都是富有居住性的
右图：住宅单元在庭院中设有走廊
最右图：庭院表现出亲切的尺度
下图：总平面图
底图：从住宅单元之间观看的景观

159

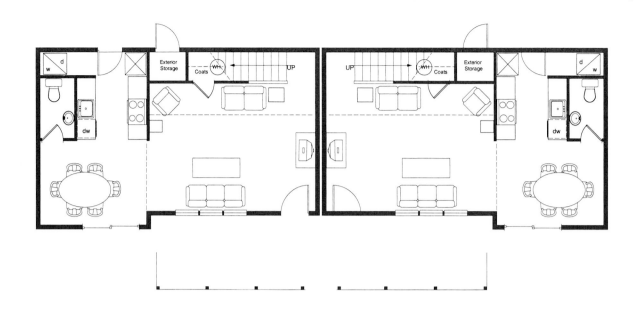

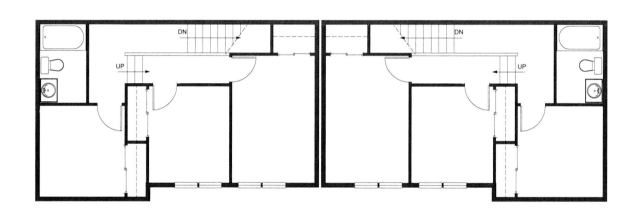

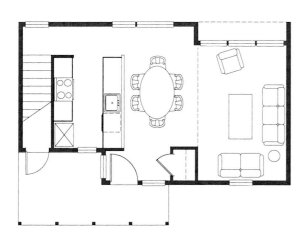

Swans Market

Oakland, California
Pyatok Architects

斯旺斯商场

奥克兰，加利福尼亚州
皮亚托克建筑师事务所

该项目是对现有的著名斯旺斯（Swans）商场的多用途改造，这个市场在过去的60年中都是整个东海湾地区主要的购物区。现有的建筑物，在1917年到1940年之间分几个阶段建造，环绕着老奥克兰一个完整的街区。靓丽的建筑外观采用釉面砖与琉璃砖，是商业建筑立面设计的一个成功案例，此外在大厅里还用多彩的琉璃砖描绘出新鲜食物的图案。得益于建筑北侧一扇由大跨距钢质桁架支撑的长200英尺（约61米）的天窗，开敞的室内空间充满阳光。

由非赢利性的东海湾亚洲开发公司（East Bay Asian Local Development Corporation）执行的这一市中心历史性建筑的改造，是奥克兰市塑造新的市中心居住区举措中至关重要的一个项目。该项目包含20个联合住宅单元和一栋公共建筑、18套平价一居室和两居室出租单元、生活/工作间、一个食品交易大厅、面向街道的零售商店与餐厅、面向人行道的小餐厅、商业空间及停车场。从儿童艺术博物馆的二层空间可以眺望到斯旺斯广场的景观，在这里赞助商为孩子们设置了室内与室外活动的各种设施。

原有建筑的大部分（80%）都得到了保留，其中包括表面的铀面砖与琉璃砖。一座新建的三层木结构建筑表面铺设砖材与灰泥粉刷，延续了原有建筑的风格。原有的部分屋顶变换为开窗，这将阳光引入建筑物内部，同时也创造出公共以及半私密性的室外空间，它将建筑多样化的用途同充满活力的城市社区联系到一起，吸引新的居民和顾客来到这一新生的环境当中。

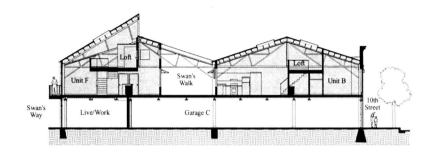

对面图：色彩鲜艳的遮阳篷增强了立面的表现力
顶图：剖面图
中左图：面向第九大街的建筑景观
中右图：庭院提供了具有庇护性的内部空间
左上图：庭院位于社区中央曲折布局
右上图：庭院空间的上空跨越着桁架

opposite Colorful awnings articulate façade
top Section
middle left Project as it faces 9th Street
middle right Courtyard provides protected interior space
above left Courtyard meanders through center of community
above right Trusses span over courtyard space

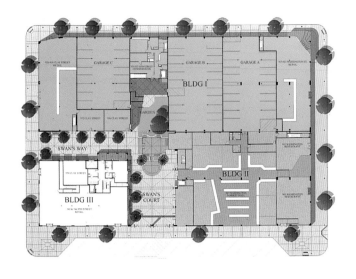

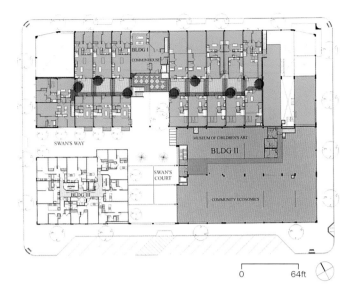

0　　　　64ft

Post Uptown

Charlotte, North Carolina
David Furman Architecture

Place

波斯特住宅区

夏洛特，加利福尼亚州北部
戴维·弗曼建筑事务所

美国城市的复兴要求同时容纳工作与生活的场所，这就为新兴的多用途住宅项目提供了实践的可能。这些项目必须履行社区的职能，形成富有生机的街道，并与人行道形成密切的联系。

这个开发项目所处地块从概念上划分为两个部分。第一部分是一栋工业建筑风格的 5 层建筑，设有底商，面朝北格雷厄姆（Graham）大街（这是一条交通拥挤的街道）。建筑物中央围绕着一座 5 层的混凝土停车库，这样的停车场设置比地下停车更为经济。

停车场环绕在木质及金属框架建筑物中央，从街道上根本看不到它的存在。这栋建筑物中的住宅单元具有阁楼式的开放平面。面向夏洛特住宅区天际线的建筑上方转角，局部挖空而形成了一个屋顶平台。

第二部分是一栋 4 层的建筑物，在底部城市住宅的上面叠砌着两个楼层的公寓。城市住宅由前门入口，并在街道层设有入口门廊。门廊的设置鼓励了步行交通，同时也使街道更富活力，相对于北格雷厄姆大街来说，这里更加具有居住区的特色。建筑物的内部是一个多层次的庭院，布置有水池、喷泉以及园林景观。这两栋建筑具有不同

的美学特色，看起来与其说像是一个项目，不如说更像是一种进化的结果。建筑外观使用材料包括砖材、混凝土砌块以及灰泥粉刷。

该设计达到的建筑密度为每英亩（约 0.405 公顷）90 个单元，整块基地共布置了 227 个单元。住宅单元的面积从 510 平方英尺（约 47.4 平方米）到 1600 平方英尺（约 149 平方米）。

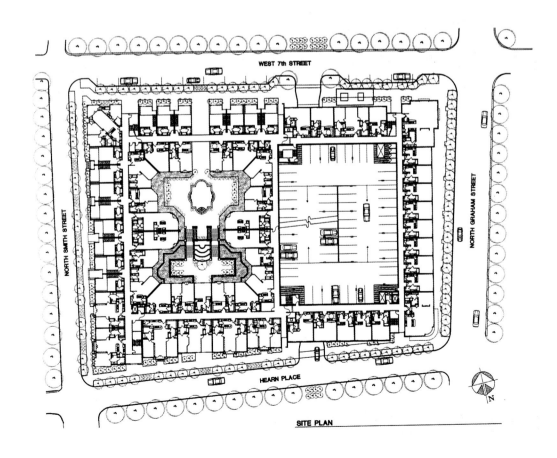

SITE PLAN

opposite | Site plan
left | Building anchors the corner
below left | Turret expresses the corner
below right | Details at top of building lend character

对面图：总平面图
左图：建筑物坐落在街道的转角处
左下图：建筑转角处的塔楼造型
右下图：建筑物顶部的细部处理富有特色

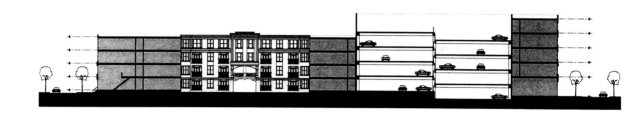

顶图：剖面图

中图：标准住宅单元平面图

左图：建筑室内具有形象化的元素

对面顶右图：屋顶的眺望台是一个具有亲和力的场所

对面底左图：庭院为居民提供了一个远离城市喧嚣的场所

对面底右图：住宅单元的尺度同城市景观相和谐

摄影：蒂姆·布克曼（Tim Buchman）

top	Section
middle	Typical unit plans
left	Interiors have figural elements
opposite top right	Gazebo is a welcome amenity
opposite bottom left	Courtyard offers respite from urban context
opposite bottom right	Units are scaled for urban presence
photography	Tim Buchman

Montage

Palo Alto, California
Seidel/Holzman Architecture

蒙塔奇住宅

帕洛阿尔托，加利福尼亚州
塞德尔/霍尔兹曼建筑事务所

下图：屋顶造型创造出与众不同的轮廓
对面上图：总平面图
对面下图：阶梯、门廊与阳台构成了富有特色的立面

below　　　　　Roof shapes create a distinctive profile
opposite top　　 Site plan
opposite bottom　Stairs, porches, and balconies articulate façade

在埃尔·卡米诺·雷亚尔（El Camino Real）地区重新分区及定位规划中，帕洛阿尔托（Palo Alto）是社区中一条主要的南北向干道。通过富有特色的长条状布局的零售商店以及上层停车，这个城市想要沿街道塑造一个向步行化方向发展、多种用途的社区。

通过社区的重新划分，相邻这条主干道的区域被规定为住宅区。与这里原来的单层商业建筑相比，现在的居住项目更加强调了对基地的利用，同时也提供了一种步行化的发展方向。反思规划设计的目标，该项目成功地塑造了建筑立面的比例与尺度，邻近街道设有步行入口，并在基地内

部围合成隐蔽的庭院，每栋城市住宅和公寓都可以直接通向这个庭院。

公寓的面积相对较小，而且构造经济，以便使社区大学的众多居民能够负担得起。建筑体块造型富有趣味，而充满变化的木质围护板以及色彩的运用更增强了每栋公寓建筑的特色。建筑设计的构思参考了基地西面居住区折衷主义的形式，同时也与整个社区的大环境充分协调。从这里可以通过步行方便地到达零售商店、餐厅、文化设施以及邻近的大学。

经过设计，所有的住宅单元都有至少两间、一般是三间朝南的房间，便于采光和通风。一些单元设有多个阳台和露台。小区中还包含一些townhouse住宅单元，对于那些在大学期间多人分租住宅的房客们来说，这是一种很具吸引力的住宅形式。

建筑的外观特色有意识地同圣克拉拉·瓦利（Santa Clara Valley）地区的农业传统相呼应，而这种传统遗风在附近的斯坦福地区仍然一直保留着。

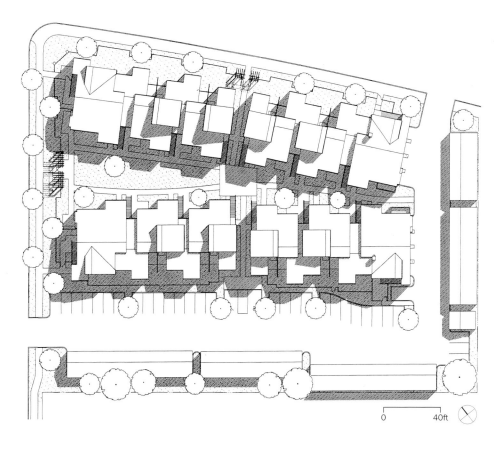

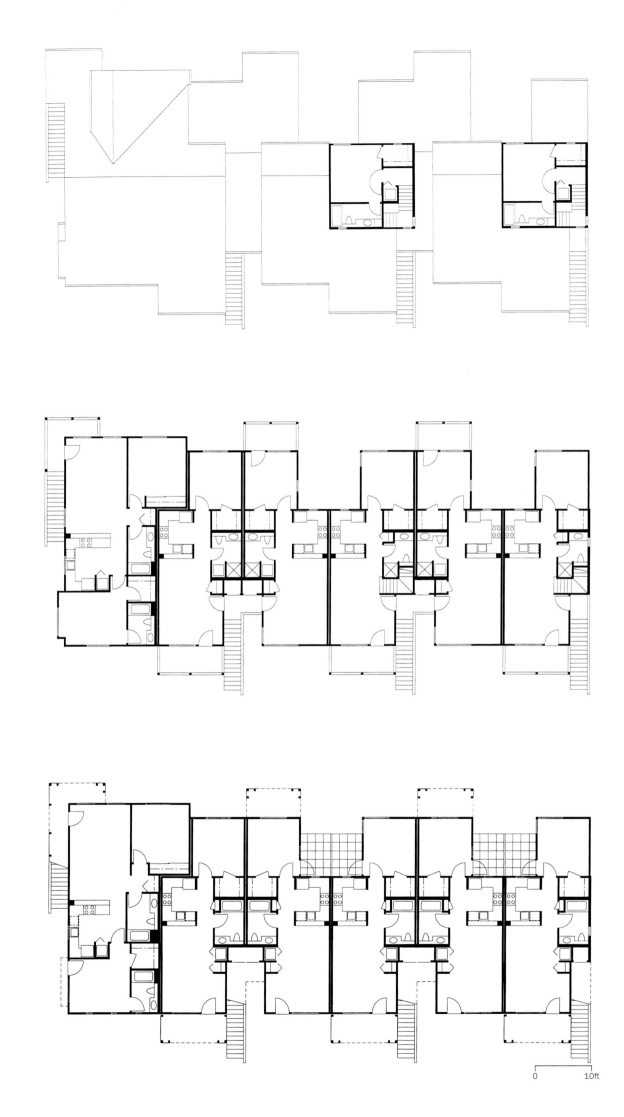

Victoria

Seattle, Washington
Mithun Architects

Townhomes

维多利亚 Townhomes

西雅图，华盛顿州
米图建筑师事务所

在西雅图安妮女王（Queen Anne）地区，一座建于 20 世纪早期的公寓建筑以及现在已经不能满足使用要求的停车场要进行修建，并转变为公私共有的形式。为了新增 60 个车位的停车空间，并尽可能减少车库对周围历史环境的影响，规划设计要求建造一种新型的、半地下双层车库，在它的上面再建造住宅。

原有建筑与共有的基地四周是 2～3 个楼层的砖石构造公寓建筑，以及传统的单体别墅可拆分式住宅。这附近的居民大多生活富裕、在政治上活跃并对设计有着敏锐的感觉。

建筑师引导城市设计评审委员会（the City Design Review Board）、社区委员会（Neighborhood Community Councile）以及开发商们对项目进行了评估。居民们表示赞成这样的处理方法。讨论的结果是在基地当中建造了 10 栋紧密连接在一起的城市住宅，并

精心运用了周围建筑外观所采用的材料及颜色。住宅单元面积从 2200 平方英尺（约 204 平方米）到 2400 平方英尺（约 223 平方米），具有各自的入口和庭院，新建筑与改造建筑的车库都隐藏在地下层，交通便利。

屋顶造型、颜色和材料的运用有利于使新建筑融入周遭的环境当中。尽管每一栋 townhome 都有由车库上升的独立楼梯，但住宅同街道的联系

还是相当重要的。通向街道的私人楼梯设计在车库基底，并有各自的大门入口。该项目充分利用直至路缘石范围内的使用权，提供了几乎所有需要的园林设计。通过减少对于街道的妨碍，以及没有将建筑物拆分为独立的两部分（本来是这样要求的，以划分出新老建筑），维多利亚（Victoria）town-homes 与周围由相对古老的公寓建筑所构成的环境紧密结合在一起。

opposite   Site plan
left   Townhomes have an imposing street presence
below left   Units sit on stone bases
below right   Gable roofs communicate a domestic sensibility

对面图：总平面图
左图：城市住宅的沿街立面给人以强烈的印象
左下图：建筑单元坐落在石材基座上
右下图：屋顶的山墙造型表现出一种住宅的美感

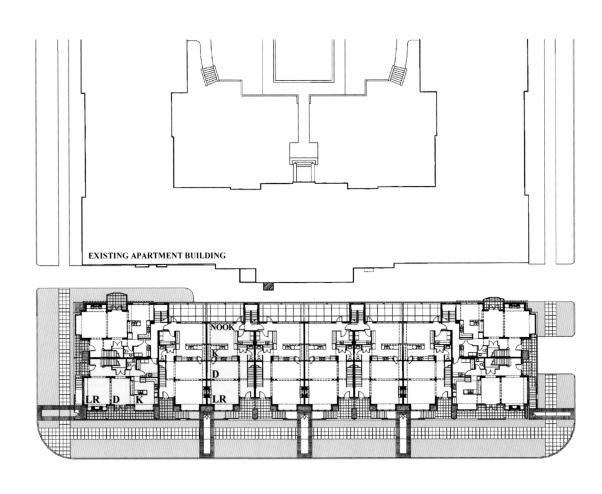

EXISTING APARTMENT BUILDING

Armitage/
Leavitt

Chicago, Illinois
Pappageorge/Haymes Architects

阿米蒂奇/莱维特住宅

芝加哥，伊利诺伊州
帕帕乔治/海姆斯建筑师事务所

"大胆鲜明而又有所收敛"，这是对这座芝加哥巴克敦(Bucktown)地区新建的多用途建筑物贴切的评价。在首层零售商店的上面3个楼层布置了11套公私共有的单元，地下层设有室内停车场，对这块城市基地进行了有效而富有动态的处理。建筑物延伸至人行道的边缘，使其成为城市中一处醒目的景观。

无论从建筑的外观设计，还是非常富有组织性的标准层平面设计，都可以明显地体会出简洁的设计风格。垂直比例的开窗和水平方向象征挑檐的屋顶线条设计参照了周围维多利亚时代建筑的特色，但同时也创造出戏剧性的现代主义设计韵味。

高温电镀钢材取代传统的石灰石材料，强调了砖石建筑的墙体以及深陷的开窗、中断的转角以及商店大面积的展示玻璃。窗户的楣梁展示出建筑构造现代的特性。砖墙锐利的转角细部显示出这座建筑是机械建造的成果。

对称的平面布局在每个楼层形成了四套转角单元，每套单元都包含分隔完美的卧室以及转角起居/就餐空间，对外拥有广阔的视野。位于二层的转角单元配有露台，从这里可以眺望到周围生机勃勃景象。入口门厅采用塑料轻质隔墙，表面铺设瓷砖，有亚光与抛光处理两种形式，耐久而又高雅，在墙面、地板以及通道之间营造出光影交错的感觉。这样简单的细部设计，以及通过外观对设计平面清晰地表达，使得这座建筑物在其周边环境中展现出独特而富于动感的面貌。

对面图：具有阴影效果的窗户使建筑立面富有表现力
右图：建筑转角处布置了露台
下图：建筑物在城市街道转角处的景观

opposite   Shadowlines articulate building façade
right   Corner is occupied by balconies
below   Building as it meets its urban corner

5th Street

Santa Monica, California
Koning Eizenberg Architecture | ## Family Housing

第五大街家庭住宅

圣莫尼卡，加利福尼亚州
科宁·艾森伯格建筑事务所

这个项目为圣莫尼卡社区协会提供了 32 套价格适中的住宅单元。其中包含 22 套三居室，首层布置的是占据两个楼层的 townhouses。三层设有两居室和四居室单元，其中半数套房都为残疾人配有完全的无障碍设计。住宅单元利用空气自然对流（没有使用空调），中央围合着两个主要公共场所、一条步道和一个庭院。庭院中设有洗衣房和一个小型游乐场，这样当孩子们游戏的时候家长们还可以处理家务。

令人惊奇的是，对于基地利用可能性潜力的释放，关键在于将残疾人使用单元布置在三层而非一层。从表面上看这是违背常规的，但是这样的策略是处于对众多原因的考虑。由于停车场只能设置在地下层，所以残疾人使用单元无论布置在首层还是上面的楼层，都需要配置电梯间。

假如把占据两个楼层的城市住宅单元布置在首层，由于它们的投影面积比较小，因此能够尽量增加单元数，在首层形成花园庭院，从而利用必需的大尺度侧院向后退缩，提高住宅的舒适性。在两个楼层的城市住宅上层布置单层房间，这样只需要安排一个楼层的走道而非两个。这样做节省了造价，提高了私密性，同时还使建筑师能够自由地创作室外空间的垂直尺度。

三层住宅单元的投影面积明显小于底下的楼层，因为这些单元设有大面积造型灵活的室外露台，通向邻近一座菱形的银行建筑。

这样的构思与设计产生了一个非传统形式配置的建筑物，它为中等售价的家庭住宅创造了一个新的形式。通过规划考究的社交场所、戏剧性的比例与色彩以及凌空飞跃的架桥，为这个住宅社区注入了蓬勃的生机。

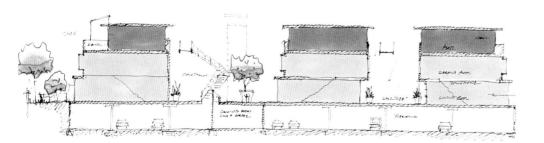

opposite top left	Color lends life to public spaces
opposite top right	Public spaces with bridges above
opposite bottom	Tower marks the center of complex
left	Units are light-filled
below left	Three-bedroom townhouse: ground floor plan
below right	Second floor plan
photography	Grant Mudford

对面左上图：色彩的运用为公共空间带来生机
对面右上图：公共空间的上方设有架桥
对面下图：塔楼标志着建筑综合体的中心
左图：住宅单元室内充满阳光
左下图：三居室的 townhouse：首层平面图
右下图：二层平面图
摄影：格兰特·穆德福特（Grant Mudford）

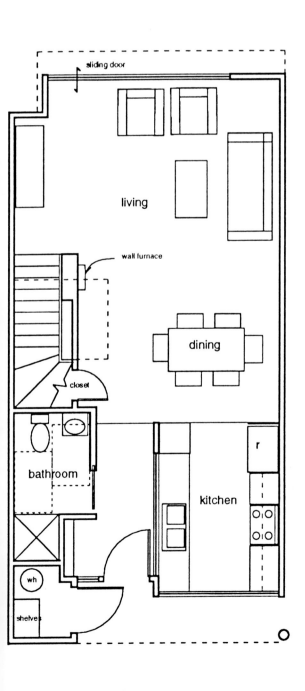

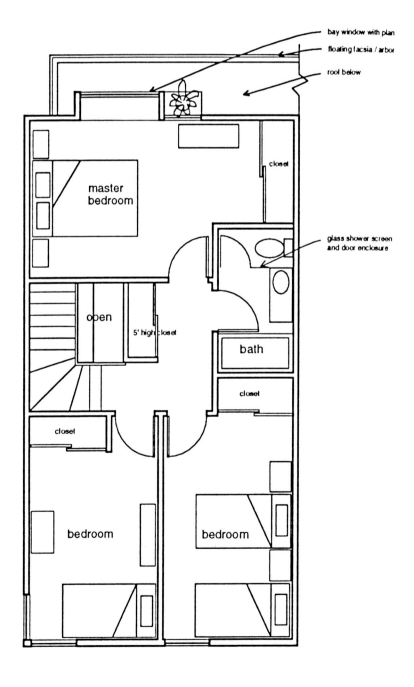

Johnson Street
Townhomes

Portland, Oregon
Mithun Architects

约翰逊大街 Townhomes

波特兰，俄勒冈州
米图建筑师事务所

坐落在波特兰市中心北部历史上有名的仓库区——珀尔区（Pearl District）从前的伯灵顿（Burlington）北方中转场，约翰逊大街城市住宅的设计在尺度与结构上，同周围两翼宽广的工业建筑传统相得益彰。三个楼层、13 个单元的 townhouse 提供了不同于珀尔区单层平房的居住形式。拥有私人庭院以及宽敞的

单元，城市住宅同单体别墅住宅非常相似，从富有特色的屋顶露台可以观赏到城市景观，其中六套建筑单元可以满足生活／工作不同的选择，街道层富有强烈的表现力。Townhomes 的尺度及设计同时也掩盖了高达 26 单元／英亩的建筑密度。

作为一个新建的城市社区，设

计所面临的挑战是在与周围环境相融合的同时，提升与街道相连的步行交通水平。该住宅项目充分利用珀尔区所固有的工业化特性。外观采用砖石构造同现有的仓库相和谐，同时住宅的几何学造型也抽象地诠释了仓库建筑的美学特征。在所有的设计元素中都着重强调了创造场所感的价值，并尽力加强这一

新环境的活力。

街道层的设计有助于步行交通的发展，将城市住宅同周围的画廊、商店和餐厅联系起来。考虑到波特兰灵活发展的主动性，约翰逊大街城市住宅设计注入新的观念，提供更多居住与工作／生活多样化选择，为社区创造新的活力，吸引新的居民返回到城市当中。

左图：住宅单元的背面朝向小巷
对面顶图：总平面图
对面中顶图：小巷沿街立面图
对面中底图：约翰逊大街沿街立面图
对面左下图：住宅单元面朝街道
对面右下图：盆栽植物为街道提供了缓冲区

left　　Back of units face mews
opposite top　　Site plan
opposite middle top　　Alley elevation
opposite middle bottom　　Johnson Street elevation
opposite bottom left　　Units as they face the street
opposite bottom right　　Planters provide street buffers

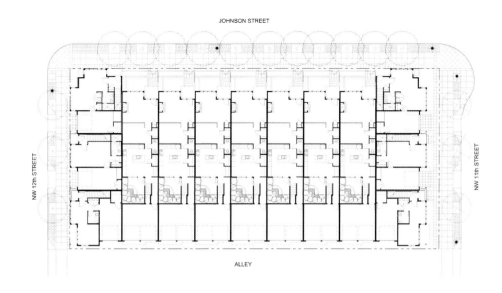

JOHNSON STREET

NW 12th STREET

NW 11th STREET

ALLEY

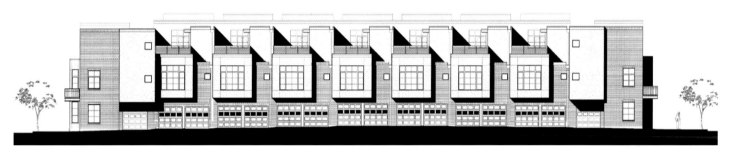

Tate Mason

Seattle, Washington
GGLO Architecture

House

泰特·梅森住宅

西雅图，华盛顿州
GGLO 建筑事务所

坐落在西雅图历史闻名的第一山脉（First Hill）社区，这座建筑面朝西南方向，周围有庭院环绕，在获得最佳视野的同时，也使自然光线得以入射到中心区。4088 平方英尺（约 380 平方米）的庭院布置在街道层以上以增加其私密性与安全性，庭院中为居民设置了一个天井区、长凳以及园艺区。

大厅邻近一个宽敞的公共活动空间并通往庭院，满足人们室内/室外的用途。97 套工作室以及一居室公寓共享一个转角处的休息区，从 4 个楼层中的任何一个楼层都可以俯瞰到庭院的景观。建筑外观受装饰艺术风格启发的细部及体量处理强化了这块基地的城市特色，同时也与临近建筑的特性与尺度相互呼应。这栋建筑坐落在社区的中心，附近有医院、医疗设施、市中心区、购物区和餐馆，居民们可以便捷地到达这些服务设施。

由于城市会议中心的扩展，拆除了市中心原有的一栋建筑，所以现在需要兴建一座新的低收入老年住宅。华盛顿政府会议及商务中心为现有建筑的转移提供了基本的资金。部分开发协议要求，新的建筑项目要保证在距离会议中心两三英里（1 英里 = 1.61 千米）的范围之内，以尽可能减少为原有居民带来的混乱与不便。公共休息室布置在首层，并通过几部电梯由竖向入口进入住宅单元，从而减少了居民步行的距离。

尽管在分区规划上这块基地属于高层住宅区，但是该项目的设计还是有意识地使其高度和比例同周围建筑物相和谐。建造工作需要在一些大树周围进行，这些树木被保留下来以延续住宅以及周围环境的历史特色。建筑外观富有特色的墙砖是由当地艺术家设计的。

左上图：建筑细部处理创造出更多的情趣
左下图：城市中一个围合出来的领地
对面上图：由坡道通向主入口
对面中图：总平面图
对面左下图：建筑综合体的入口
对面右下图：泰特·梅森住宅富于变化的街景外观

left top   Architectural details create added interest
left bottom   A projected enclave in the city
opposite top   Ramp access to main entry
opposite middle   Site plan
opposite bottom left   Entry to the complex
opposite bottom right   Tate Mason's variegated street façade

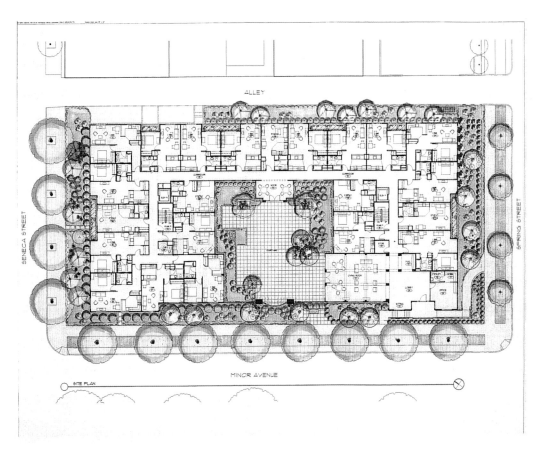

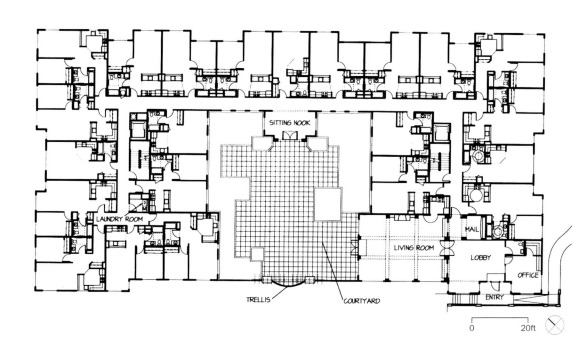

SITTING NOOK

LAUNDRY ROOM

LIVING ROOM

MAIL

LOBBY

OFFICE

TRELLIS

COURTYARD

ENTRY

0   20ft

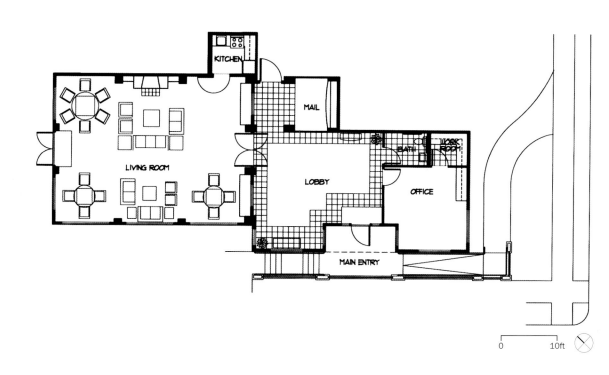

KITCHEN

MAIL

LIVING ROOM

LOBBY

BATH

WORK ROOM

OFFICE

MAIN ENTRY

0   10ft

opposite top   Courtyard space for residents' use
opposite middle   Ground floor plan
opposite bottom   Detail plan of common spaces
right top   Communal living room opens onto courtyard
right bottom   Communal living room has light interior
photography   Eduardo Calderon

对面上图：供居民使用的庭院空间
对面中图：首层平面图
对面下图：公共空间的细部规划
右顶图：公共活动空间通往庭院
右底图：公共活动空间明亮的室内效果
摄影：爱德华多·卡尔德龙（Eduardo Calderon）

The Siena

New York, New York
Hardy Holzman Pfeiffer Associates

锡耶纳住宅

纽约，纽约州
哈迪·霍尔兹曼·普法伊费尔联合设计事务所

这座 31 层住宅建筑的建造，是重建纽约市以及国家注册（National Regisier）的地标性教堂圣让·巴蒂斯特·埃格利斯（St. Jean Baptiste Eglise）中的一部分举措。通过购买教堂的外观使用权，并将其用于邻近的开发地块，开发商将必要的经费有效地投入到一个进行中项目的修复与维护上。

新建的塔楼在设计上与教堂及教区长住宅的建筑风格相一致，它由基座上向后退缩，使这两座建筑物在体量上相协调。建筑物比较矮的部分采用花岗石与铸石建造，同教堂及教区长住宅的石灰岩、花岗石外观相呼应。建筑的基座沿街道红线建造，以保持教堂沿街墙体的连贯性，铸石基座的高度也同教堂的基座高度相匹配。

建筑入口所采用的正是多立克式（Doric）大门的比例，突出了其所处环境的古典氛围。同时，它又通过与邻近建筑的科林斯式样相区别，而表现出自身的独特性。塔楼由基座上向后退缩，以协调教堂以及教区长住宅的体量。

在基座以上，建筑物使用了五种颜色的砖材——雪白、浅黄、淡玫瑰色、暗红以及深紫色。设计是一系列垂直与水平线条的变化，其中水平线条同教堂的挑檐相协调，而垂直造型由各种有小平面的塔楼体现，这样构成的立面唤起人们对于教堂相关元素的印象。建筑设计作了很多的退缩，这样就使一些细部设计清晰地展现出来，例如窗户和角塔，另外还使居住者们通过意想不到的方式观看到城市的景观。

整栋建筑物包含 153000 平方英尺（约 14214 平方米）的居住空间以及 13000 平方英尺（约 1208 平方米）的商业空间。73 套公私共有公寓的规模包括从一居室的单元到 3 个楼层的五居室单元。

右图：塔式造型是对旁边教堂建筑的呼应
摄影：塞尔温·鲁宾逊（Cervin Robinson）
对面上图：总平面图
对面左下图：塔楼是这一区域中的界标
摄影：克里斯·洛维（Chris Lovi）
对面右下图：建筑的开窗形式与比例参照于教堂
摄影：塞尔温·鲁宾逊

right Tower architecture takes cues from church nearby
photography Cervin Robinson
opposite top Site plan
opposite bottom left Tower is a landmark in the neighborhood
photography Chris Lovi
opposite bottom right Building picks up fenestration and scale from church
photography Cervin Robinson

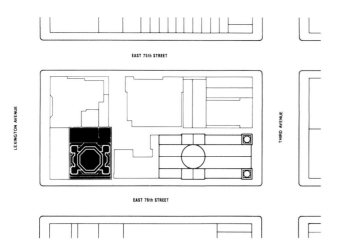

EAST 75th STREET

LEXINGTON AVENUE

THIRD AVENUE

EAST 76th STREET

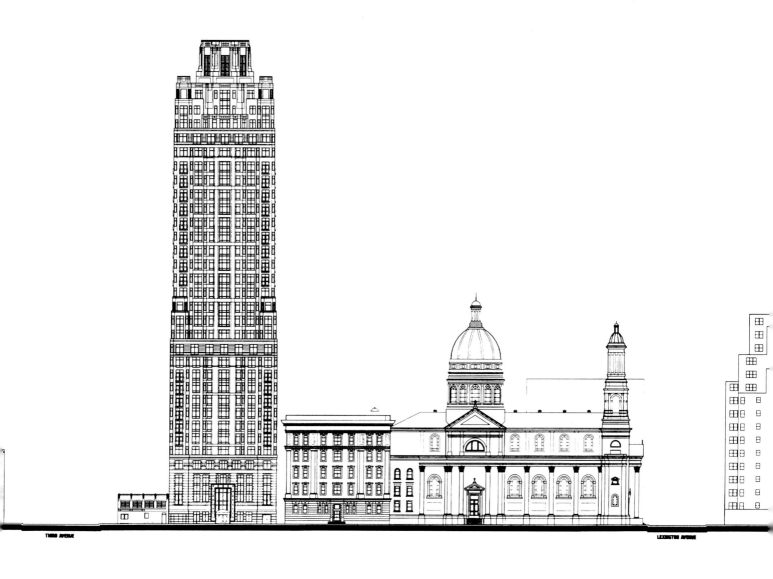

opposite top   76ᵗʰ Street elevation
opposite bottom   Tower has a solid base at street level
photography   Cervin Robinson
below   Imposing entry to residential tower
photography   Chris Lovi

对面上图：第 76 大街沿街立面图
对面下图：塔楼在街道层设有坚实的基座
　　摄影：塞尔温·鲁宾逊
　　底图：塔楼住宅雄伟的入口
　　摄影：克里斯·洛维

Mockingbird

Dallas, Texas
RTKL

Station

莫金伯德车站住宅

达拉斯，得克萨斯州
RTKL 建筑师事务所

莫金伯德车站住宅，位于达拉斯南美卫理公会大学区（Southern Methodist University）的中心，是一个适宜于步行尺度的城市村庄，居民们可以通过没有交通压力的道路到达比较大型的达拉斯社区。这个占地10英亩（约4.05公顷）的开发项目综合了住宅、办公、商店以及娱乐设施，并配有机动车、步行、自行车道以及公共交通运输。对于研究如何使

老建筑构成的新环境再生，并满足新一代使用者的需求，这个项目是一个很有价值的实例。

莫金伯德车站住宅，一个适宜的老建筑再利用的典范，结合并扩展了现有仓库与办公建筑的基础上，又新增了90个商店与餐馆，一座电影中心和咖啡厅，一栋未使用过的大型货栈，办公空间，以及216套阁楼公寓和容纳1600车位的停车场（大部

分设在地下）。

在都市大环境当中，这个住宅社区营造了一种独特的生活氛围。复式结构单元（Loft units）布置在仓库建筑的顶上，从这个有利的位置，居民们可以观赏到周围的景观。通过暴露的屋顶结构、温暖的自然材料、大面积的玻璃、通向夹层空间的钢质楼梯、细部设计精美的厨房以及裸露的管道，阁楼公寓明亮而通风的住宅单元

展现了其简洁精练的美感。单元中还设有值得夸耀的壁炉、裸露的混凝土结构框架以及两个楼层高的起居空间。

总的来说，这个项目的建筑设计是通过早期的铁路旅行，受到了火车站设计的启迪，而在材料运用与细部处理上则转向现代的美学需求。精心筹划的都市设计确保了多样化的宜人尺度以及细部处理丰富的室外空间。

Highlands Gardens-
Klahanie

Issaquah, Washington
Pyatok Architects

克拉哈尼海兰花园

伊萨奎，华盛顿州
皮亚托克建筑师事务所

这个社区项目是由两家非盈利性质的开发公司联合为低收入及超低收入家庭建造的。建筑基地 4 英亩(约 1.62 公顷)，是华盛顿伊萨夸(Issaquah)地区附近一块普通的坡地。项目要求建造 51 套供出租的城市住宅(townhomes)、一座公共建筑、洗衣设施以及儿童游戏区。具体的设计主要考虑到要确保东南亚移民大家庭的需求，这些移民从过去的若干年就开始在这里定居。

社区中包括三间、四间、五间卧室的单元，同时也有一、两间卧室的单元。在四居室与五居室单元中，餐厅的大小适合于大家庭的聚会。另外一个特色是"可以灵活调整的卧室"，这使得一些相邻的单元可以根据需要缩小或扩展。

停车场沿基地周边布置，中央的住宅与公共设施通过人行步道相连。社区中心兼有室内和室外的聚会场所，并包含娱乐场及社区花园。由于居民不同的文化习惯，在基地中央还设有一个大型烧烤区，全年都在使用。社区花园位于基地边缘，供居民们使用。尽管实际上有很多地势高低的变化，但是整个社区的交通还是便利的。

由于一些东南亚居民来自于多山的地区，因此屋顶的造型设计不仅表现了当地的山脉，还象征了居民们的家乡。在通向每一个庭院的边角入口，以及中央庭院的入口门廊都采用锥形并带有斜脊的屋顶，上面铺设着白色的屋顶盖瓦。

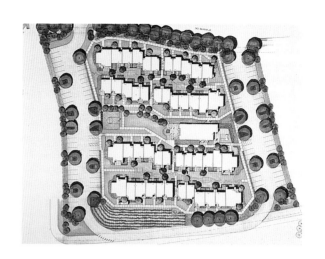

对面左图：门廊特色在于细部处理精美的柱子以及长凳
对面右图：转角处的锥形屋顶构造
顶图：总平面图
上图：社区依据基地自然的地形地势建造
左图：社区适宜的居住尺度

opposite left	Porches feature detailed columns and benches
opposite right	Pyramid roof elements anchor corners
top	Site plan
above	Development follows natural terrain of site
left	Scale of development is comfortably domestic

below Community patio at heart of development
bottom Building in its natural setting
opposite top left Wood elements throughout are finely detailed
opposite top middle Porch structures are expressive of community
opposite top right Welcoming corner element with porch
opposite middle First floor plan
opposite bottom Partial lower floor plan
photography Pyatok Architects

下图：基地中心的社区天井
底图：建筑物坐落于自然环境中
顶左图：所有木质元素的细部设计都相当考究
顶中图：社区富有表现力的门廊构造
顶右图：转角处富有亲切感的元素以及门廊
中图：首层平面图
底图：部分错落的楼层平面图
摄影：皮亚托克建筑师事务所

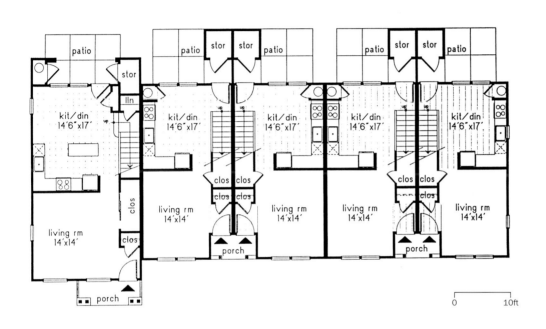

kit/din
14'6"x17'

living rm
14'x14'

patio

stor

clos

clos

porch

0   10ft

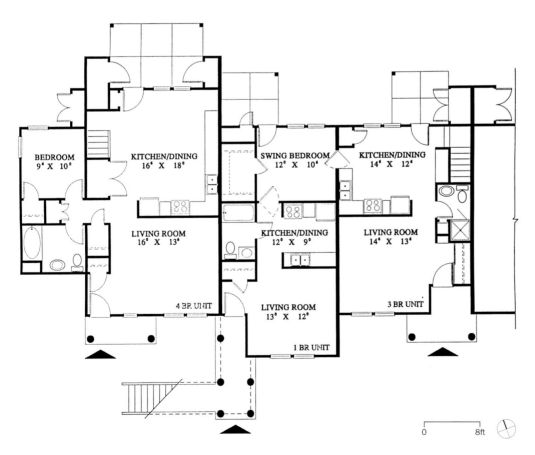

BEDROOM
9' X 10'

KITCHEN/DINING
16' X 18'

SWING BEDROOM
12' X 10'

KITCHEN/DINING
14' X 12'

LIVING ROOM
16' X 13'

KITCHEN/DINING
12' X 9'

LIVING ROOM
14' X 13'

4 BR UNIT

LIVING ROOM
13' X 12'

3 BR UNIT

1 BR UNIT

0   8ft

INDEX

致　谢

很多人都参与了本书的创造过程。感谢同意刊登其作品的建筑师与设计师们(同时也感谢开发商与非赢利组织建设这些住宅项目的远见卓识)。特别感谢摄影师们为我们慷慨展示其摄影作品。同时，我还要深深地感谢迈克尔·皮亚托克为本书提供的非常有价值的导言。最后，感谢Images 出版集团的 Alessina Brooks、Paul Latham 及其同事们为本书的最终出版所给予的支持。